Erkundungen zum Eulerschen Polyedersatz

T0239219

Stephan Berendonk

Erkundungen zum Eulerschen Polyedersatz

Genetisch, explorativ, anschaulich

Stephan Berendonk
Bonn, Deutschland

Zugl.: Dissertation der Universität zu Köln, Deutschland 2013

ISBN 978-3-658-04598-2   ISBN 978-3-658-04599-9 (eBook)
DOI 10.1007/978-3-658-04599-9

Die Deutsche Nationalbibliothek verzeichnet diese Publikation in der Deutschen Natio-
nalbibliografie; detaillierte bibliografische Daten sind im Internet über http://dnb.d-nb.de
abrufbar.

Springer Spektrum
© Springer Fachmedien Wiesbaden 2014
Das Werk einschließlich aller seiner Teile ist urheberrechtlich geschützt. Jede Verwertung,
die nicht ausdrücklich vom Urheberrechtsgesetz zugelassen ist, bedarf der vorherigen Zu-
stimmung des Verlags. Das gilt insbesondere für Vervielfältigungen, Bearbeitungen, Über-
setzungen, Mikroverfilmungen und die Einspeicherung und Verarbeitung in elektronischen
Systemen.

Die Wiedergabe von Gebrauchsnamen, Handelsnamen, Warenbezeichnungen usw. in diesem Werk berechtigt auch ohne besondere Kennzeichnung nicht zu der Annahme, dass
solche Namen im Sinne der Warenzeichen- und Markenschutz-Gesetzgebung als frei zu betrachten wären und daher von jedermann benutzt werden dürften.

Gedruckt auf säurefreiem und chlorfrei gebleichtem Papier

Springer Spektrum ist eine Marke von Springer DE.
Springer DE ist Teil der Fachverlagsgruppe Springer Science+Business Media.
www.springer-spektrum.de

Vorwort

Gesprochenes und geschriebenes Wort hat meine Auffassung von Mathematik-
didaktik gleichermaßen geprägt. Was das geschriebene Wort betrifft, sind zunächst die Klassiker von Hans Freudenthal zu nennen, die für mich den Einstieg
in die mathematikdidaktische Literatur bildeten. Überzeugend finde ich seine
Forderung Mathematik als eine Tätigkeit, basierend auf einer Didaktik der Nacherfindung, zu unterrichten. Schließlich gibt es keinen Beweis ohne Beweisen,
keine Struktur ohne Strukturieren oder eben ganz allgemein: keine Mathematik
ohne Mathematisieren. Durch diese Sichtweise ergibt sich ein didaktisches Interesse an den Überlegungen, Fragen, Aktivitäten oder allgemein an den Handlungen, die zu einem mathematischen Resultat hinführen. George Polya hat in seinen Büchern zum Problemlösen und plausiblen Schließen einen reichen Schatz
an konkreten mathematischen Beispielen zusammengetragen, anhand derer typische mathematische Vorgehensweisen illustriert oder erlernt werden können. Die
Polyaschen Werke bilden damit einen „vorfreudenthalschen" Meilenstein in
Richtung eines Unterrichts im Sinne der Nacherfindung. Inspiriert von Polyas
Wiederbelebung der mathematischen Heuristik, versuchte Imre Lakatos, basierend auf einem intensiven Studium mathematischer Originaltexte, eine Logik des
mathematischen Entdeckens aufzuspüren. Die gefundenen Muster, die er auch in
der Geschichte der Analysis zu erkennen glaubte, entfaltete er am Fallbeispiel
des Eulerschen Polyedersatzes.

Der Polyedersatz ist, hinsichtlich der Frage nach der Entdeckung, durch
Lakatos' viel diskutierte Arbeit vielleicht der am ausführlichsten untersuchte
Satz. Vor diesem Hintergrund mag es zunächst überraschen, dass ich gerade das
Erzählen plausibler Entdeckungsgeschichten zum Eulerschen Polyedersatz als
Thema meiner Dissertationsschrift wählte. „Über den Eulerschen Polyedersatz
ist in Bezug auf das Entdecken schon alles gesagt", könnte man denken. Bei
näherem Hinsehen erkennt man allerdings, dass einige aus heuristischer Sicht
höchst interessante Arbeiten zum Eulerschen Polyedersatz, insbesondere die
beiden Artikel von Euler, von Lakatos ausgespart wurden. Wichtiger noch ist die
Bemerkung, dass sich die von Lakatos erzählte Geschichte nicht a priori zur
Nacherfindung im Unterricht eignet. Daher suchte ich nach alternativen Vor-
schlägen. Entstanden ist daraus eine (hoffentlich) in sich geschlossene Geschichte in drei „Akten". Neben kleinen mathematischen Entdeckungsgeschichten
erzählt das vorliegende Buch auch eine mathematikdidaktische Entdeckungs-

geschichte: Von Seite zu Seite wächst im zweiten Akt das Bewusstsein, dass das, was ich dann als *kontextübergreifende Betrachtung* bezeichnen werde, von größter Bedeutung für die Entwicklung von Mathematik ist, jedoch im Schulunterricht kaum eine Rolle spielt. Im dritten Akt versuche ich am Beispiel des Eulerschen Polyedersatzes einen Beitrag zu leisten, diese „Schieflage" zu beheben.

Der hier angesprochene dritte Akt basiert auf einer Unterrichtseinheit zum Eulerschen Polyedersatz, die ich zusammen mit der Nimweger ASL-Gruppe („actief samenwerkend leraarschap") entwickelt habe. Profitiert hat dieser Teil der Arbeit außerdem von zwei Workshops beim internationalen Kängurucamp am Werbellinsee, die ich mit Dr. Leon van den Broek zu dem betreffenden Thema durchgeführt habe. Erst durch Leon van den Broek lernte ich, wie viel mathematisch Interessantes schon beim Untersuchen von Spielen und Gegenständen aus dem Alltag zu entdecken ist und wie viel Freude es bereiten kann, den Dingen auch ohne die Hilfe großer mathematischer Theorien auf den Grund zu gehen. Die Begeisterung für die kleinen und einfachen mathematischen Ideen teile ich auch mit meinem Doktorvater Prof. Rainer Kaenders. Seine Stärke ist seine Schwäche für das Abstrakte. Ich möchte ihm an dieser Stelle dafür danken, dass ich mich nun schon seit einigen Jahren mit viel Freiheit in seinem Arbeitsumfeld bewegen und entfalten darf.

Die vorliegende Arbeit wurde von der Mathematisch-Naturwissenschaftlichen Fakultät der Universität zu Köln als Dissertation angenommen. Die Abschlussprüfung in Form einer Disputation fand am 3. Juli 2013 statt. An der universitätsöffentlichen Prüfung nahmen die Professoren Rainer Kaenders (Gutachter), Andreas Büchter (Gutachter), Ladislav Kvasz (Gutachter) und Hansjörg Geiges (Vorsitzender), sowie Dr. Martin Rotter (Beisitzer) als prüfungsberechtigte Mitglieder teil.

Danken möchte ich den soeben genannten Mitgliedern der Prüfungskommission, sowie Dr. Stefan Heilmann und Prof. Ysette Weiss-Pidstrygach, die mein Projekt interessiert verfolgt haben und auf deren Unterstützung ich bei Bedarf stets vertrauen konnte.

Schließlich danke ich meinen beiden *Paranymphen* Michael Kaiser und Simeon Schlicht, meinem Bruder Christian und meinen Eltern Theodor und Dr. Clara Berendonk, die mich auf meinem Weg zu wissenschaftlicher Mündigkeit begleitet haben.

Stephan Berendonk

Inhaltsverzeichnis

Einleitung

„Bei jedem von ebenen Seitenflächen eingeschlossenen Körper überschreitet die Summe der Zahl der Raumwinkel und der Zahl der Seitenflächen die Zahl der Grate um zwei".[1]

Der Eulersche Polyedersatz ist zweifelsohne eine Perle der Elementargeometrie. In der vorliegenden Arbeit werden wir den Satz auch als einen Schatz der Stoffdidaktik kennenlernen.

Ist es sinnvoll, den Eulerschen Polyedersatz im Unterricht zu behandeln? Im Allgemeinen wird der Einsatz eines bestimmten Lehrinhalts im Unterricht mit Zielen verbunden sein. Vielleicht soll mit seiner Hilfe eine fundamentale Idee transportiert, eine typische Vorgehensweise beim Mathematisieren illustriert oder ein Entdeckungsprozess durchlaufen werden. Ob der Einsatz eines Lehrinhalts sinnvoll ist, hängt dann schließlich davon ab, ob die verfolgten Ziele im Unterricht auch tatsächlich erreicht werden. Die Frage, ob dies möglich ist, kann nicht „am grünen Tisch", sondern nur durch den eigentlichen Unterricht beantwortet werden. Andererseits kann man erst durch eine (didaktisch orientierte) Analyse[2] des Stoffes neue Ideen für vom Stoff her prinzipiell denkbare Einsatzmöglichkeiten gewinnen. Daher gehört es zu den wichtigsten Aufgaben der Stoffdidaktik[3], den Stoff immer wieder neu zu durchdenken und das darin liegende didaktische Potenzial weiter zu entfalten. Genau dieser Aufgabe sehen wir uns verpflichtet und wollen in der vorliegenden Arbeit das didaktische Potenzial des Eulerschen Polyedersatzes versuchen auszuloten.[4]

---

[1] Euler, L. (1750), S.9.

[2] Der Begriff der „didaktisch orientierten Sachanalyse" wurde von H. Griesel verwendet und zwar im Sinne einer fachwissenschaftlichen Grundlegung schulmathematischer Gegenstände auf deren Basis curriculare Entscheidungen getroffen werden können. (Vgl. Griesel H. (1997)). Ziel solcher Analysen ist eine dem Phänomenen „nahe stehende" formale Beschreibung der auftretenden Begriffe. Aber der Stoff kann im Dienste der Didaktik auch in anderen Hinsichten geprüft werden. In unserer „Analyse" wird es beispielsweise primär um das Aufdecken von Entdeckungsmöglichkeiten gehen.

[3] Der Begriff und „die" Aufgaben der „Stoffdidaktik" werden in Reichel, H.C. (1995) diskutiert.

[4] In „Zur Kritik und Bedeutung der Stoffdidaktik" schreibt Thomas Jahnke folgendes über ein für ihn „zentrales Moment" der Stoffdidaktik: „In seiner in verschiedenen Versionen und schließlich als Dissertation erschienenen Arbeit *Beweise und Widerlegungen* bezeichnet Imre Lakatos seine Methode, die mit einer Fallstudie zur *wahren Geschichte* des Eulerschen Polyedersatzes exemplifiziert, als *rationale Rekonstruktion*. In Anlehnung an diese Bezeichnung sehe ich eine Hauptaufgabe der Stoffdidaktik in der didaktischen Rekonstruktion von Mathematik, namentlich der Schulmathematik. Die dem Stoff zugrunde liegenden Fragen, seine Notwendigkeit und seine Entwicklung, seine Genese

Der Eulersche Polyedersatz gilt als eine der frühen Wurzeln der Topologie. Durch diese exponierte Stellung im Theoriengebäude der Topologie hat der Satz schon häufiger Eingang in den Schulunterricht gefunden, nämlich um ebendiesen Wissensbereich zu repräsentieren. Typische Unterrichtsvorschläge zum Polyedersatz enthalten neben Satz und obligatorischem Beweis zumeist einige der bekannten graphentheoretischen Probleme, die durch Anwendung des Satzes gelöst werden können.[5] Der Gedanke hierbei ist wohl, die Bedeutung des Polyedersatzes für den Schüler zu stärken, indem man die Nützlichkeit des Satzes als Problemlösewerkzeug in einem bestimmten Themenkreis zeigt. Der Satz dient hier jedenfalls einem bestimmten Zweck. Mit ihm als Paradigma sollte ein ganzes mathematisches Gebiet vorgestellt werden.

Wir werden vorschlagen den Eulerschen Polyedersatz zu einem ganz anderen Zweck im Unterricht einzusetzen, nämlich um bestimmte mathematische Tätigkeiten, wie das Aufdecken von Analogien und das Übertragen von Ideen in andere Kontexte, zu illustrieren. Ein Ziel der Arbeit ist es, die stoffdidaktische Vorarbeit für einen solchen Einsatz zu leisten. Insbesondere werden wir drei unterschiedliche Kontexte präsentieren, die ein hohes Maß an Analogie aufweisen und in denen jeweils der von Staudtsche Beweis des Eulerschen Polyedersatzes entdeckt werden kann.

Die Idee, den Polyedersatz auf diese Weise einzusetzen, ergab sich bei einem Studium von Poincarés topologischen Arbeiten und dem dabei wachsenden Bewusstsein, dass kontextübergreifende Tätigkeiten, wie die oben genannten, eine herausragende oder sogar essentielle Rolle bei der Entwicklung von Mathematik spielen. Bei Poincaré findet man hierzu zahlreiche Beispiele. Passenderweise ist auch sein Beweis des Polyedersatzes ein Produkt kontextübergreifender Betrachtungen und so können wir die Bedeutung der Zusammenschau verschiedener Kontexte, von der schließlich die Tragweite unseres Unterrichtsvorschlags abhängt, anhand der Geschichte des Poincaréschen Beweises diskutieren.

Zum Aufbau der Arbeit

Die Arbeit in ihrer Gesamtheit ist in drei Teile gegliedert. Im ersten und dritten Teil versuchen wir aufzuzeigen, zu welchen Zwecken der Eulersche Polyedersatz im Unterricht eingesetzt werden könnte. Diese Kapitel sind also als Inspira-

---

sind aus didaktischer Sicht zu rekonstruieren.[...] Eine „fertige" mathematische Theorie ist nicht selbsterklärend, daß sie also über ihre eigene Geschichte und Entwicklung Auskunft gibt; sie bedarf einer rationalen Rekonstruktion, um verstanden, und einer didaktischen, um „erlernt" werden zu können." (Jahnke, T. (1998), S. 72-73). Die vorliegende Arbeit handelt von „didaktischen Rekonstruktionen" des Eulerschen Polyedersatzes.
[5] Vgl. Sauer, G. (1984) sowie Rinkes, H.D. & Schrage, G. (1974).

tionsquelle für die konkrete Unterrichtsentwicklung gedacht. Das zweite Kapitel dahingegen dient als Hintergrund für die Betrachtungen im dritten Kapitel.

Der Mathematikunterricht sollte sich nicht ausschließlich im Vermitteln von bloßen Sachverhalten erschöpfen, sondern er sollte auch das mathematische Handeln, welches zu diesen Sachverhalten hinführt, thematisieren. Diese Forderung, Mathematik als einen dynamischen Prozess und nicht als ein Fertigprodukt zu unterrichten, ist wohl ein Allgemeinplatz in der heutigen Mathematikdidaktik.[6] Hieraus ergibt sich ein zwangsläufiges Interesse an der Entstehung der zu unterrichtenden Mathematik. Es kann daher als eine notwendige Aufgabe der Stoffdidaktik betrachtet werden, den Fragen zur Entdeckung und Entwicklung elementarmathematischer Sachverhalte nachzugehen.

Im ersten Kapitel beschäftigen wir uns zunächst mit der nun vordergründigen Frage, wie der Eulersche Polyedersatz entdeckt worden sein könnte. George Polya hat in „Mathematik und plausibles Schließen"[7] einen ihm möglich erscheinenden Entdeckungsprozess des Eulerschen Polyedersatzes dargestellt. Einen anderen Vorschlag findet man bei Imre Lakatos in „Beweise und Widerlegungen".[8] Wir werden die beiden Vorschläge rekapitulieren und einander gegenüberstellen. Polya findet den Satz durch induktives Schließen, Lakatos durch deduktives Schließen. In beiden Darstellungen wird davon ausgegangen bzw. darauf spekuliert, dass es überhaupt einen Satz zu entdecken gibt. Wir werden dagegen, inspiriert von Eulers eigenem Text, einen dritten uns plausibel erschei-

---

[6] Müller, G.N., Steinbring, H. & Wittmann, E.Ch schreiben in der Einleitung zu dem von ihnen herausgegebenen Buch „Arithmetik als Prozess" folgendes über die Verbreitung dieser Überzeugung: „Die heutigen weltweiten Bemühungen um die Reform des Mathematikunterrichts gehen von folgendem Grundverständnis des Lehrens und Lernens von Mathematik aus:

1. Die Lernenden werden mehr als *Akteure* ihres Lernprozesses, weniger als Objekte der Belehrung betrachtet. Entsprechend hat sich die Aufgabe der Lehrenden von der Wissensvermittlung zur Anregung und Organisation von Lernprozessen verschoben.

2. Bei den Inhalten zählen mehr die Entwicklungs*prozesse*, die zu Verständnis führen, weniger die fertigen Wissensstrukturen.

3. Was die Zielsetzungen anbelangt, wird ein sinnerfüllter Unterricht gefordert und die *Produktion von Lösungswegen* genießt Vorrang vor der Reproduktion von Rezepten." (Müller, G.N., Steinbring, H. & Wittmann, E.Ch. (2004), S. 11).

Diese Grundposition, die man auch als das *genetisches Prinzip* bezeichnet, hat eine lange Tradition in der Mathematikdidaktik und ist auf verschiedene Weise methodisch ausgestaltet worden. Eine differenzierte Beschreibung der vorhandenen „Spielarten" findet man in Gert Schubrings „Das genetische Prinzip in der Mathematik-Didaktik". In der Einführung zu dieser Arbeit schreibt Schubring: „Das didaktische Prinzip der genetischen Methode, das hier „genetisches Prinzip" genannt werden wird, stellt den Begriff der Entwicklung ins Zentrum der Mathematik-Didaktik, es will Lehren und Lernen von Mathematik von einer Entwicklungsauffassung her konzipiert sehen. In der Entwicklung des mathematischen Lehrgegenstands soll das kognitive Tätigkeitssystem des Lernenden entwickelt werden. Es faßt mathematische Begriffe als „gewordene" auf und will ihr „Werden" im Lernprozeß nachvollziehen lassen." (Schubring, G. (1978), S. 1).

[7] Polya, G. (1962).

[8] Lakatos, I. (1979).

nenden Vorschlag unterbreiten, bei dem der Polyedersatz ‚en passant' beim Versuch die Polyeder zu klassifizieren gefunden wird. Die Frage nach der Entdeckung stellt sich natürlich auch für die vielen Beweise des Eulerschen Polyedersatzes. Wir werden unsere Betrachtungen auf die Beweise von Euler, Cauchy und von Staudt beschränken.

In „Beweise und Widerlegungen", dem wohl umfassendsten Werk zum Eulerschen Polyedersatz, zeigt Lakatos, dass ein Beweis, in dem Fall der von Cauchy, wiederum Ausgangspunkt für weitere Entwicklungen und Quelle neuer Fragen sein kann. Insbesondere entsteht die Frage nach dem Gültigkeitsbereich des Eulerschen Polyedersatzes, wodurch ein Begriffsbildungsprozess, nämlich der des Polyeders, in Gang gesetzt wird. Lakatos versucht anhand einer Rekonstruktion der Geschichte des Eulerschen Polyedersatzes eine Heuristik[9], er nennt es Methodologie, des mathematischen Entdeckens zu entwickeln. Diese Heuristik werden wir zu Beginn des zweiten Kapitels zusammenfassen. Lakatos' Ziel ist es, zu zeigen, dass der Mathematiker beim Entdecken weder mechanisch noch irrational vorgeht, sondern dass er aus einer „reichhaltigen Situationslogik" schöpft. In seiner genetisch orientierten Darstellung entstehen Definitionen und Begriffe auf natürliche Weise aus der Situation heraus und eben nicht durch Zauberei. Lakatos kämpft ausdrücklich gegen die axiomatische deduktive Darstellung von Mathematik, da sie die Herkunft von Begriffen verschleiert. Vor diesem Hintergrund überrascht es, dass Lakatos, dessen Buch aus zwei Teilen besteht, im zweiten Teil selbst zu einem deduktiven Darstellungsstil greift. Dort präsentiert er den Poincaréschen Beweis des Eulerschen Polyedersatz als mögliche Antwort auf Fragen, die im ersten Teil aufgeworfen wurden, aber offen geblieben waren. Dabei greift er auf Grundbegriffe der Homologietheorie zurück, die weder im ersten Teil zur Sprache kommen, noch im zweiten Teil entwickelt werden, deren Herkunft also im Verborgenen bleibt. Zwischen den beiden Teilen in Lakatos' Buch besteht also eine Kluft, deren Wesen wir im Verlauf des zweiten Kapitels unserer Arbeit untersuchen wollen. Wir werden zeigen, dass die am Ende von Lakatos' erstem Teil noch offen gebliebene Frage auf nahe liegende Weise beantwortet werden kann, und zwar ohne dabei auf Probleme zu treffen, die eine Entwicklung der angesprochenen homologietheoretischen Begriffe anstoßen könnten. Ein Blick in die Geschichte zeigt dann, dass diese Begriffe außerhalb der klassischen Polyedertheorie, nämlich bei Riemanns Studium der Abelschen Funktionen, entstanden sind. Lakatos konnte die Kluft zwischen den beiden Teilen also gar nicht vermeiden, jedenfalls nicht ohne den Problemkon-

---

[9] „Heuristik oder «ars inveniendi» war der Name eines gewissen, nicht sehr deutlich abgegrenzten Wissenszweiges, der zur Logik, zur Philosophie oder zur Psychologie gehörte. Er ist oft summarisch beschrieben und selten im einzelnen dargestellt worden und heute so gut wie vergessen. Das Ziel der Heuristik ist, die Methoden und Regeln von Entdeckung und Erfindung zu studieren. [...] Das Adjektiv bedeutet «zur Entdeckung dienend». (Polya, G. (1949), S. 118-119).

text des Eulerschen Polyedersatzes zu verlassen. Beim Poincaréschen Beweis wurden Begriffe, die in einem Kontext entstanden sind, in einem anderen Kontext nutzbar gemacht. Der Beweis ist somit ein eindrucksvolles Resultat, das erst durch die Zusammenschau von zwei unterschiedlichen Kontexten möglich wurde.

Im zweiten Kapitel haben wir kontextübergreifende Aktivitäten als einen wesentlichen Motor mathematischer Entwicklung ausgemacht. Im dritten Kapitel werden wir mit Blick auf den Schulunterricht versuchen, die Fruchtbarkeit kontextübergreifender Betrachtungen anhand von einfacheren Beispielen zu illustrieren. Hierzu stellen wir dem Kontext der Polyeder einen zweiten und dritten elementaren Kontext zur Seite, in denen der Eulersche Polyedersatz ebenfalls eine Rolle spielt. Beim zweiten Kontext handelt es sich um das Spiel „Brussels sprouts" von John H. Conway, beim dritten Kontext geht es um Berglandschaften auf Inseln. Zusammen bilden die drei Kontexte, wie wir sehen werden, ein reichhaltiges Feld für kontextübergreifende Tätigkeiten, wie dem Aufsuchen von Analogien und dem Übertragen von Begriffen oder Beweisen. Alle drei Kontexte sind leicht zugänglich, setzen also wenig mathematische Vorkenntnisse voraus. In diesem Sinne sind sie elementarer als der Kontext der Abelschen Funktionen, in dem die homologietheoretischen Begriffe, die dem Poincaréschen Beweis zugrunde liegen, gebildet wurden. Wir können „das Spiel Brussels sprouts" und „die Berglandschaften auf Inseln" somit als didaktische Surrogate für den Kontext der Abelschen Funktionen auffassen.

1 Entdeckungsgeschichten zum Eulerschen Polyedersatz

„Natur- und Kunstwerke lernt man nicht kennen, wenn sie fertig sind; man muß sie im Entstehen aufhaschen, um sie einigermaßen zu begreifen".[1]

1.1 Erraten der Formel

„Alle Erfindungen gehören dem Zufall zu, die eine näher die andre weiter vom Ende".[2]

1.1.1 Polya – Wer suchet, der findet

Im Vorwort zum ersten Band seines Klassikers „Mathematik und plausibles Schließen" ruft Georg Polya dazu auf, Mathematik als Prozess und nicht nur als fertiges Produkt zu unterrichten[3]:

> „Die Mathematik wird als demonstrative Wissenschaft angesehen. Doch ist das nur einer ihrer Aspekte. Die fertige Mathematik, in fertiger Form dargestellt, erscheint als rein demonstrativ. Sie besteht nur aus Beweisen. Aber die im Entstehen begriffene Mathematik gleicht jeder anderen Art menschlichen Wissens, das im Entstehen ist. Man muß einen mathematischen Satz erraten, ehe man ihn beweist; man muß die Idee eines Beweises erraten, ehe man die Details ausführt. Man muß Beobachtungen kombinieren und Analogien verfolgen; man muß immer und immer wieder probieren. Das Resultat der schöpferischen Tätigkeit des Mathematikers ist demonstratives Schließen, ist ein Beweis; aber entdeckt wird der Beweis durch plausibles Schließen, durch Erraten. Wenn das Erlernen der Mathematik einigermaßen ihre Erfindung widerspiegeln soll, so muß es einen Platz für Erraten, für plausibles Schließen haben".[4]

---

[1] Goethe, J.W. von (1803), S. 70.
[2] Lichtenberg, G.C. (1776-1779), S. 167.
[3] In einem Brief an Wolfgang Bolyai schreibt Carl Friedrich Gauß: „Wahrlich es ist nicht das Wissen, sondern das Lernen, nicht das Besitzen sondern das Erwerben, nicht das Da-Seyn, sondern das Hinkommen, was den grössten Genuss gewährt." (Gauß, C.F. (1808), S. 92).
[4] Polya, G. (1962), S. 10.

Am Ende des zweiten Bandes fordert er schließlich:

> „Der Lehrer muß zeigen, daß Raten auf mathematischem Gebiet etwas Vernünftiges,
> ernst zu Nehmendes, Verantwortungsvolles ist. Ich wende mich an die Lehrer der Ma-
> thematik auf allen Stufen und ich sage: *Laßt uns erraten lehren*".[5]

Wollen wir dieser Forderung nachkommen, so benötigen wir Geschichten, anhand derer die typischen Vorgehensweisen beim *Erraten* demonstriert werden
können. Wir benötigen Probleme anhand derer wir *plausibles Schließen* Üben
können. Es ist keine einfache Aufgabe Geschichten und Probleme solcher Art zu
finden, die auch für den Unterricht geeignet sind, denn die eindrucksvolleren
Geschichten bedürfen meist größerer Vorkenntnisse:

> „Elementare Probleme, welche die ausschlaggebenden Züge plausiblen Schließens
> aufweisen und an Erfindung herangrenzen, sind schwer zu finden".[6]

Polya präsentiert in seinem Buch einen sorgfältig ausgewählten Kanon von Beispielen für die unterschiedlichen Arten plausiblen Schließens. Bescheiden formuliert er im Vorwort:

> „Die zweckmäßige Anwendung plausiblen Schließens ist eine praktische Kunstfertig-
> keit und wird wie jede andere praktische Kunstfertigkeit durch Nachahmung und
> Übung erlernt. Ich werde mein Bestes für den Leser tun, dem daran liegt, plausibles
> Schließen zu lernen, aber was ich zu bieten habe, sind nur Beispiele zur Nachahmung
> und Gelegenheit zur Übung".[7]

Ausführlich behandelt er das induktive Schließen, das er als einen wichtigen
Spezialfall des plausiblen Schließens ansieht. Da er sich in erster Linie an Stu-
denten der Mathematik wendet, kann er dabei auch auf Beispiele zurückgreifen,
die einige Vorkenntnisse voraussetzen. Dennoch illustriert er das induktive
Schließen im Bereich der Geometrie an einem elementaren Beispiel, der Entdeckung des Eulerschen Polyedersatzes. Polya behauptet nicht, den wahren Entdeckungsprozess zu kennen, er versucht lediglich, einen vorstellbaren Entdeckungsprozess zu schildern:

> „Die wahre Geschichte, wie die Entdeckung wirklich zustande kam, kann ich nicht er-
> zählen, denn diese Geschichte weiß eigentlich niemand. Ich werde jedoch versuchen,
> eine einleuchtende Geschichte darüber vorzubringen, wie die Entdeckung hätte zu-
> stande kommen können. Ich werde versuchen, die Motive, die der Entdeckung zugrun-

---

[5] Polya, G. (1963), S. 241.
[6] Polya, G. (19.63), S. 245.
[7] Polya, G. (1962), S. 11.

de lagen, die plausiblen Folgerungen, die dazu führten, kurzum alles, was Nachah-
mung verdient, hervorzuheben".[8]

Aus didaktischer Sicht ist es zunächst zweitrangig, ob Euler seinen Satz tatsächlich auf die von Polya beschriebene oder zumindest auf ähnliche Weise erraten
hat. Wichtig ist aber, ob die erzählte Geschichte zu überzeugen weiß, ob man
sich also vorstellen kann, dass ein Mensch den Satz auf diese Weise entdeckt
haben könnte. Wir werden Polyas Vorschlag in dieser Hinsicht prüfen. Es folgt
zunächst der relevante Auszug aus Polyas Buch:

> „«Ein kompliziertes Polyeder hat viele Flächen, Ecken und Kanten.» Eine vage Be-
> merkung dieser Art drängt sich fast jedem auf, der irgendwelche Berührung mit der
> Geometrie des Raumes gehabt hat. Die wenigsten werden jedoch einen ernsthaften
> Versuch machen, diese Bemerkung zu vertiefen und sich genauer darüber zu orientie-
> ren, was dahinter steckt. Man verfährt hierbei zweckmäßig, wenn man klar die in Be-
> tracht kommenden Größen unterscheidet und ein paar bestimmte Fragen stellt. Be-
> zeichnen wir also die Anzahl der Flächen, die Anzahl der Ecken und die Anzahl der
> Kanten des Polyeders beziehungsweise mit F, E und K (den entsprechenden Anfangs-
> buchstaben), und stellen wir eine klare Frage wie: «Ist es allgemein wahr, daß die Flä-
> chenzahl zunimmt, wenn die Eckenzahl zunimmt? Nimmt F notwendigerweise mit E
> zu?»
>
> Um in Gang zu kommen, können wir kaum etwas Besseres tun als Beispiele be-
> stimmter Polyeder zu untersuchen. So ist für einen Würfel (Körper I in Fig. 3.1)

$$F = 6, \quad E = 8, \quad K = 12.$$

Oder für ein Prisma mit dreieckiger Grundfläche (Körper II in Fig. 3.1)

$$F = 5, \quad E = 6, \quad K = 9.$$

Wenn wir einmal in dieser Richtung losgesteuert sind, werden wir natürlich gleich eine
ganze Reihe von Körpern untersuchen und vergleichen wollen, zum Beispiel die in
Fig. 3.1 dargestellten; wir finden da, abgesehen von den schon erwähnten Nr. I und II,
die folgenden: ein Prisma mit fünfeckiger Grundfläche (Nr. III), je eine Pyramide mit
quadratischer, dreieckiger und fünfeckiger Grundfläche (Nr. IV, V, VI), einen «Turm
mit Dach» (Nr. VIII; eine Pyramide ist der als Basis dienenden Deckfläche eines Würfels aufgesetzt) und einen «gestutzten Würfel» (Nr. IX). Bieten wir unsere Vorstel-
lungskraft auf und bringen wir uns diese Körper der Reihe nach so klar zur Anschauung, daß wir Flächen, Ecken und Kanten zählen können! Die gefundenen Zahlen sind
in der folgenden Tafel aufgeführt.

---

[8] Polya, G. (1962), S. 11.

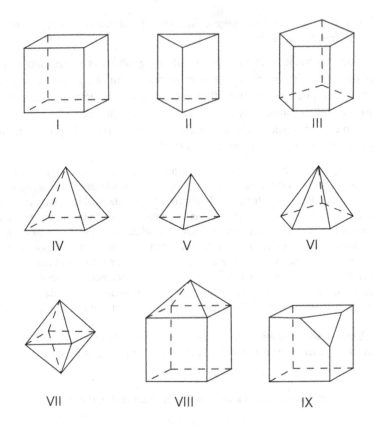

Fig. 3.1. Polyeder

	Polyeder	F	E	K
I	Würfel	6	8	12
II	dreieckiges Prisma	5	6	9
III	fünfeckiges Prisma	7	10	15
IV	quadratische Pyramide	5	5	8
V	dreieckige Pyramide	4	4	6
VI	fünfeckige Pyramide	6	6	10
VII	Oktaeder	8	6	12
VIII	«Turm»	9	9	16
IX	«gestutzter Würfel»	7	10	15

Unsere Figur 3.1 hat eine oberflächliche Ähnlichkeit mit einer Mineraliensammlung, und die obige Tafel gleicht gewissermaßen den Aufzeichnungen, die ein Physiker über die Resultate seiner Experimente macht. Wir untersuchen und vergleichen unsere Figuren und die Zahlen in unserer Tafel wie der Mineraloge oder der Physiker seine mühsamer gesammelten Exemplare oder Beobachtungsdaten untersucht und vergleicht. Jetzt haben wir etwas in der Hand, was unsere ursprüngliche Frage: «Wächst E mit F?» beantworten kann. Die Antwort ist tatsächlich «Nein»; aus dem Vergleich des Würfels und des Oktaeders (Nr. I und VII) ersehen wir, daß der eine Körper mehr Ecken hat und der andere mehr Flächen. So ist unser erster Versuch, eine durchgehende Regelmäßigkeit aufzudecken, fehlgeschlagen.

Wir können jedoch etwas anderes versuchen. Nimmt K mit F zu? Oder mit E? Um diese Fragen systematisch zu beantworten, disponieren wir unsere Tafel etwas anders. Wir ordnen unsere Polyeder so an, daß K zunimmt, wenn man die sukzessiven Eintragungen von oben nach unten liest:

	Polyeder	F	E	K
V	dreieckige Pyramide	4	4	6
IV	quadratische Pyramide	5	5	8
II	dreieckiges Prisma	5	6	9
VI	fünfeckige Pyramide	6	6 –	10
I	Würfel	6	8	12
VII	Oktaeder	8	6	12
III	fünfeckiges Prisma	7	10	15
IX	«gestutzter Würfel»	7	10	15
VIII	«Turm»	9	9	16

Aus dieser zweckmäßigeren Disposition unserer Daten ersehen wir leicht, daß keine Regelmäßigkeit der vermuteten Art obwaltet. Wenn K von 15 auf 16 steigt, sinkt E von 10 auf 9 herab. Und wenn wir wiederum von dem Oktaeder zu dem fünfeckigen Prisma übergehen, steigt K von 12 auf 15, aber F sinkt von 8 auf 7 herab. Weder F noch E wächst beständig mit K.

Es ist uns wieder nicht gelungen, eine allgemein gültige Regelmäßigkeit zu finden. Und doch möchten wir nicht ohne weiteres zugeben, daß unsere ursprüngliche Idee vollständig falsch war. Eine geeignete Modifizierung davon mag immer noch richtig sein. Weder F noch E nimmt mit K zu, das stimmt, aber diese beiden Größen scheinen «im ganzen» zuzunehmen. Die Untersuchung unserer gut angeordneten Daten läßt uns erkennen, daß F und E «vereint» zunehmen: $F + E$ *nimmt zu*, wenn wir die

Spalten hinunterlesen. Und dann fällt uns vielleicht eine exaktere Regelmäßigkeit auf: In der ganzen Tafel ist durchweg

$$F + E = K + 2.$$

Diese Beziehung bestätigt sich in den neun in der Tafel aufgeführten Fällen. Es kommt einem unwahrscheinlich vor, daß eine so durchgängige Regelmäßigkeit reiner Zufall sein sollte So werden wir zu der *Vermutung* geführt, daß nicht nur bei den betrachteten, sonder bei jedem Polyeder *die Anzahl der Flächen plus die Anzahl der Ecken gleich der Anzahl der Kanten plus zwei ist".*[9]

Polyas Ausgangspunkt ist die Beobachtung, dass ein kompliziertes Polyeder viele Flächen, Ecken und Kanten hat. Dies scheint ein unschuldiger Einstieg zu sein, jedoch verbirgt sich darin schon die tiefe Erkenntnis, dass beim Studium von Polyedern drei Begriffe von besonderem Interesse sind: die Ecken, die Kanten und die Flächen. Insbesondere die Kanten mussten aber lange warten, bis sie ins Blickfeld der Mathematiker gelangten. Erst Euler gab den Kanten überhaupt einen Namen, er nannte sie Grate, und hob sie damit auf die gleiche Stufe wie die Ecken und Flächen:

„Wenn wir nämlich die Oberfläche dieser Körper betrachten, so werden diese nicht nur von den Seitenflächen begrenzt, sondern auch von Raumwinkeln und den Zusammenstößen je zweier Seitenflächen, die der hochberühmte Autor, in *Ermangelung eines geeigneteren und herkömmlicheren Namens, Grate genannt hat".*[10]

Polya setzt also voraus, dass die drei wesentlichen Bestandteile von Polyedern schon in unserem Fokus sind. Die erste Frage, die er stellt, ist, ob F mit E streng monoton wächst. Aufgrund unserer Erfahrung vermuten wir, dass Polyeder mit vielen Ecken auch viele Flächen besitzen, genauer gesagt, dass es für jede natürliche Zahl M eine natürliche Zahl N gibt, sodass alle Polyeder mit mehr als N Ecken, mehr als M Flächen besitzen. Die von Polya gestellte Frage ist eine nahe liegende Verschärfung dieser Vermutung. Um die Frage zu beantworten, betrachtet Polya neun einfache Polyeder und sammelt deren Daten in einer Tabelle. Man kann sich vorstellen, dass jemand, der zum ersten Mal mit Polyedern in Berührung kommt, die Vermutung anhand der neun von Polya vorgeschlagenen Polyeder testet. Ein Kenner der Kulturgeschichte der Mathematik wird aber bei Polyedern wohl zuallererst an die Platonischen Körper denken und somit schnell auf das Gegenbeispiel bestehend aus Würfel und Oktaeder treffen.

---

[9] Polya, G. (1962), S. 66–69.
[10] Euler, L. (1750), S. 1. Vgl. auch Richeson, D.S. (2008), S. 63.

Als nächstes fragt Polya, ob K notwendig mit E oder mit F wächst. Bevor er versucht, diese Fragen mit Hilfe seiner Datensammlung zu beantworten, sortiert er die Polyeder in seiner Tabelle aufsteigend nach der Zahl der Kanten. Dies ist hilfreich, aber für das Finden der Gegenbeispiele sicher nicht notwendig. Der eigentliche Grund für die Disponierung ist vermutlich, dass die später zu entdeckende Beziehung zwischen E, K und F so deutlicher zum Vorschein kommt.

Nachdem beide Fragen negativ beantwortet wurden, schreibt Polya: „Es ist uns wieder nicht gelungen, eine allgemein gültige Regelmäßigkeit zu finden. Und doch möchten wir nicht ohne weiteres zugeben, daß unsere ursprüngliche Idee völlig falsch war. Eine geeignete Modifizierung davon mag immer noch richtig sein." Dann fährt er mit dem Studium der Datensammlung fort. Offenbar ist Polya davon überzeugt, dass es eine Beziehung zwischen den drei Größen geben muss, die derart einfach ist, dass sie bei einem aufmerksamen Studium der Tabelle zu erkennen sein wird. Die Annahme der Existenz einer solch einfachen Beziehung ist aber nicht selbstverständlich. Jedenfalls nicht für Euler:

> „...es ziemt sich, dass diese Dinge, welche *nicht* durch irgendein feststehendes Gesetz untereinander verbunden zu sein scheinen, bei den aufzustellenden Klassen von Körpern in Rechnung gestellt werden...".[11]

Wir werden in Kürze sehen, dass Euler möglicherweise gar nicht aktiv nach einer Beziehung zwischen den Größen gesucht hat, sondern dass er bei der Arbeit an einer anderen Frage auf die Formel gestoßen ist.

Unsere ursprüngliche Vermutung war eigentlich, dass ein Polyeder mit vielen Ecken auch viele Flächen besitzt. Diese Vermutung findet durch die folgende für Eulersche Polyeder geltende Ungleichung ihre Bestätigung: $2F \geq E+4$.

> „Es kann kein Körper existieren, bei dem die Zahl der Seitenflächen um vier erhöht größer ist als das Zweifache der Zahl der Raumwinkel oder die Zahl der Raumwinkel um vier erhöht größer ist als das Zweifache der Zahl der Seitenflächen".[12]

Beim Erraten einer solchen Ungleichung wird der Blick auf eine Datensammlung uns kaum weiterhelfen. Es erscheint wahrscheinlicher, dass die Ungleichung auf deduktive Weise entdeckt wurde.

Zusammengefasst kann man sagen, dass das Anlegen und Untersuchen der Tabelle in Polyas Vorschlag eine entscheidende Rolle beim Erraten der Formel

---

[11] Euler, L. (1750), S. 1.
[12] Euler, L. (1750), S. 16.

spielt. Dieses Vorgehen leuchtet aber nur dann ein, wenn man an die Existenz einer einfachen Abhängigkeit zwischen den Größen glaubt.

1.1.2 Euler – Finden ohne Suchen

„Elementa doctrinae solidorum", zu deutsch „Grundlagen der Lehre von den Körpern", ist der Titel des 1750 von Leonard Euler geschriebenen Aufsatzes, der den berühmten Polyedersatz, wenngleich noch ohne Beweis, enthält. Die Zusammenfassung des Artikels beginnt mit den folgenden Worten:

> „Obwohl die Stereometrie unter die elementaren mathematischen Disziplinen gerechnet zu werden pflegt, fehlt doch vieles, dass sie als solide behandelt und, wie die ebene Geometrie, in ein sicheres System gebracht einzuschätzen sei. Da nämlich in der ebenen Geometrie nach den Linien und Winkeln hauptsächlich geradlinige Figuren untersucht und ihre Eigenschaften dargelegt werden, welchen der Einfachheit halber der Kreis hinzugefügt zu werden pflegt, so wäre es in der Stereometrie angemessen, nachdem die Grundlagen über die Neigung der Ebenen und die Raumwinkel gelegt sind, die zwischen ebenen Seitenflächen eingeschlossenen Körper zu behandeln und ihre Eigenschaften zu entwickeln, *wo es vorzüglich gebührte, diese Körper in bestimmte Klassen einzuteilen*, welchen ferner der Einfachheit halber die Kugel mit dem Zylinder und dem Kegel hinzugefügt werden könnte. *Allerdings ist in den Elementen der Stereometrie durchaus nichts von einer Einteilung der Körper in bestimmte Klassen nach der Anzahl der Seitenflächen zu finden*; sondern es werden nur gewisse Arten hervorgehoben, wie Prismen, Pyramiden und die sogenannten regelmäßigen Körper, alle übrigen beiseite gelassen ohne irgendeine Einteilung und wechselseitige Verbindung. Was jedoch in der ebenen Geometrie höchst einfach war: die geradlinigen Figuren nach der Anzahl der Kanten (welche natürlich stets gleich der Anzahl der Winkel ist) in Klassen einzuteilen — das ist in der Stereometrie, wenn wir unsere Aufmerksamkeit nur auf die zwischen ebenen Seitenflächen eingeschlossenen Körper richten, sehr viel mühsamer, *da allein die Zahl der Seitenflächen dazu nicht hinreicht*".[13]

Offenbar beschäftigte Euler die Frage, wie man Polyeder systematisch in Klassen einteilen könnte. Wir wollen es Euler gleich tun und ebenfalls über diese Frage nachdenken.

Die fünf platonischen Körper heißen Tetraeder, Oktaeder, Hexaeder, Dodekaeder und Ikosaeder[14]. Sie wurden nach der Anzahl ihrer Flächen benannt.

---

[13] Euler, L. (1750), S. 1.
[14] „Die gebräuchlichen Bezeichnungen der Körper jedoch pflegen aus der Zahl der Seitenflächen entnommen zu werden, wovon bekannt sind die Namen Tetraeder, Hexaeder, Oktaeder, Dodekaeder

Genauso könnten wir auch alle anderen Polyeder nach der Anzahl ihrer Flächen benennen. Alle Polyeder mit vier Flächen gehörten dann einer einzigen Klasse an, der Klasse der Tetraeder. So weit so gut. Ebenso kämen alle Polyeder mit fünf Flächen in eine Schublade. Insbesondere müssten sich das dreiseitige Prisma und die vierseitige Pyramide eine Schublade teilen. Die gleiche Situation finden wir natürlich auch bei Polyedern mit mehr Flächen. In Bezug auf die Achtflächner schreibt Euler:

> „So werden ein Oktaeder, ein sechseckiges Prisma und eine auf einer siebeneckigen Basis errichtete Pyramide von acht Seitenflächen eingeschlossen, wer wollte jedoch diese so verschiedenen Körper in einer und derselben Klasse vereinigen"?[15]

Wir jedenfalls wollen unsere Klassifikation so gestalten, dass das dreiseitige Prisma und die vierseitige Pyramide unterschiedlichen Klassen angehören. Nun unterscheiden sich die beiden genannten Körper durch die Anzahl ihrer Ecken. Das dreiseitige Prisma besitzt sechs Ecken, die vierseitige Pyramide nur fünf. Wir könnten also der Anzahl der Flächen die Anzahl der Ecken als zusätzliches Unterscheidungsmerkmal zur Seite stellen.[16] Das dreiseitige Prisma gehörte dann der Klasse der sechseckigen Fünfflächner, die vierseitige Pyramide der Klasse der fünfeckigen Fünfflächner an.

Schauen wir uns als nächstes die Sechsflächner an. Diese können wir durch „Stutzen" aus den Fünfflächnern gewinnen. Die nachfolgend abgebildeten Polyeder A, B, C und D erhalten wir, indem wir eine vierseitige Pyramide auf unterschiedliche Weise stutzen. Die Polyeder A und B gehörten unserer Einteilung zufolge nun beide zur Klasse der sechseckigen Sechsflächner. Dennoch kann man die Polyeder leicht voneinander unterscheiden. Das Polyeder A besitzt ein Fünfeck als Seitenfläche, das Polyeder B nicht. Ähnlich verhält es sich mit den Polyedern C und D. Beide gehörten zu den siebeneckigen Sechsflächnern. Das Polyeder C besitzt ein Fünfeck als Seitenfläche, das Polyeder D nicht.

---

und Ikosaeder, auch wenn diese nur den regelmäßigen Körpern zugeteilt zu werden pflegen". (Euler, L. (1750), S. 4).

[15] Euler, L. (1750), S. 2.

[16] „Weil nun allerdings die Körper, welche von der gleichen Zahl von Seitenflächen eingeschlossen werden, sich betreffend der Zahl der Raumwinkel unterscheiden können, wäre es genehm, um sie untereinander sorgfältiger zu unterscheiden, für jeden einzelnen eine Benennung sowohl von der Zahl der Seitenflächen wie von der Zahl der Raumwinkel her zu suchen". (Euler, L. (1750), S. 4).

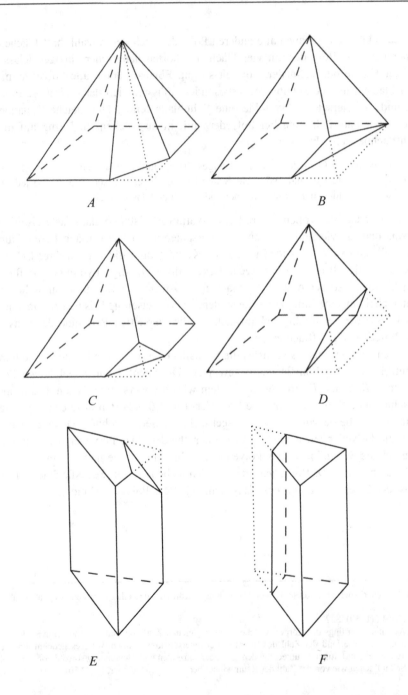

A

B

C

D

E

F

Die Polyeder E und F erhalten wir durch Stutzen eines dreiseitigen Prismas. Beide Polyeder besitzen sechs Flächen und acht Ecken, kämen also in die gleiche Schublade. Dennoch sind die Polyeder unterschiedlich. Das Polyeder E besitzt ein Fünfeck als Seitenfläche, das Polyeder F nicht.

Wir möchten unsere Einteilung weiter verfeinern und zwar so, dass die Polyeder A und B, C und D, sowie E und F jeweils zu unterschiedlichen Klassen gehören. Wir könnten erwägen, die Anzahl der Kanten als weiteres Unterscheidungsmerkmal hinzuzuziehen. Dabei treffen wir dann allerdings auf die folgende überraschende Tatsache: die Polyeder A und B haben die gleiche Anzahl von Kanten, nämlich *10*. Ebenso haben auch die Polyeder C und D die gleiche Anzahl von Kanten, nämlich *11*. Schließlich besitzen auch die Polyeder E und F die gleiche Kantenzahl, nämlich *12*. In allen drei Fällen versagt die Kantenzahl als neues Unterscheidungsmerkmal. Das legt die Vermutung nahe, dass die Anzahl der Kanten eines Polyeders bereits durch die Anzahl seiner Ecken und Flächen bestimmt ist![17]

Von nun an sind wir von der Existenz einer Beziehung zwischen den Größen überzeugt und können uns wie Polya auf die Suche nach dieser Beziehung machen. Wir müssen versuchen, die Kantenzahl als Funktion der Ecken- und Flächenzahl auszudrücken. Mit diesem Wissen können wir die Suche jedoch deutlich zielstrebiger als bei Polya durchführen.

Beim Studium der Sechsflächner haben wir sieben verschiedene Typen ausgemacht. Die Polyeder A bis F und die dreiseitige Doppelpyramide, die aus zwei aufeinandergesetzten Tetraedern besteht. Die folgende Tabelle zeigt deren Ecken und Kantenzahlen:

Polyeder	Ecken	Kanten	Flächen
dreiseitige Doppelpyramide	5	9	6
A und B	6	10	6
C und D	7	11	6
E und F	8	12	6

---

[17] „Zur Herstellung der allgemeinen Körper wäre es allerdings überflüssig, außer der Zahlen der Seitenflächen und der Raumwinkel obendrein die Zahl der Grate hinzuzufügen, da ja , wie ich demnächst zeigen werde, die Zahl der Grate stets aus der Zahl der Seitenflächen und Raumwinkel bestimmt wird, so dass, wenn sowohl die Zahl der Seitenflächen als auch die Zahl der Raumwinkel gegeben wäre, daraus zugleich die Zahl der Grate jedes Körpers bekannt wäre". (Euler, L. (1750), S. 5). Hat also auch Euler die Kantenzahl als zusätzliches Unterscheidungsmerkmal erwogen?

Bei den Sechsflächnern ist die Differenz zwischen der Kanten- und der Eckenzahl stets *4*. Wie verhält es sich bei den Fünfflächnern? Da gibt es das dreiseitige
Prisma und die vierseitige Pyramide. Das Prisma besitzt *9* Kanten und *6* Ecken.
Die Differenz ist *3*. Die Pyramide besitzt *8* Kanten und *5* Ecken. Die Differenz
ist ebenfalls *3*. Und bei den Vierflächnern? Da gibt es nur einen Typ, das Tetraeder, mit *6* Kanten und *4* Ecken. Die Differenz ist *2*. Wir fassen dies in einer
Tabelle zusammen:

Flächen	Kanten – Ecken
4	2
5	3
6	4

Das sind genug Indizien für eine heimliche Vermutung: Die Anzahl der Flächen
übersteigt die Differenz von Kantenzahl und Eckenzahl um *2*. In einer Formel
ausgedrückt:

$$Ecken + Flächen = Kanten + 2.$$

Der Versuch alle Polyeder systematisch zu benennen, führte uns zur Betrachtung
von Polyedern, die sowohl gleiche Flächen- als auch Eckenzahl besitzen. Wir
stellten dann fest, dass solche Polyeder auch in der Kantenzahl übereinstimmten.
Dies war eine Überraschung, schließlich versuchten wir die Kantenzahl als zusätzliches Unterscheidungsmerkmal einzusetzen.

    Unsere Konzeption der Entdeckung des Eulerschen Polyedersatzes ist also
ein Beispiel für das Serendipitätsprinzip[18], mit dem man „eine zufällige Beobachtung von etwas ursprünglich nicht Gesuchtem, das sich als neue überraschende Entdeckung erweist", bezeichnet. In diesem Punkt unterscheidet sich
unsere Geschichte wesentlich von Polyas Entdeckungsgeschichte. Polya geht
von Beginn an auf die Suche nach einer Beziehung zwischen den Anzahlen.
Offenbar ist er von der Existenz einer solchen Beziehung überzeugt. Wir dagegen müssen erst auf die Existenz einer solchen Beziehung gestoßen werden, ehe
wir uns ebenfalls auf die Suche machen.

    Die Aufgabe, allen Polyedern einen angemessenen Namen zu geben, findet
man als *Problem 1* in Eulers Text:

---

[18] Auf diesen Begriff hat mich Ladislav Kvasz hingewiesen.

„Die wichtigeren Arten, welche alle von ebenen Figuren eingeschossenen Körper zu-
zuordnen sind, aufzuzählen und mit passenden Namen versehen".[19]

Euler gibt sich damit zufrieden, die Polyeder nur nach Anzahl ihrer Ecken und
Flächen zu unterscheiden. Anstatt, wie wir es oben getan haben, Polyeder zuerst
nach der Anzahl der Flächen und dann bei gleicher Flächenzahl nach der Anzahl
der Ecken zu unterscheiden, wählt Euler die Ecken als primäres Unterscheidungsmerkmal. Als Klassen bekommt er so die vierflächigen Vierecke, die fünfflächigen Fünfecke, die sechsflächigen Fünfecke, die fünfflächigen Sechsecke,
die sechsflächigen Sechsecke usw.

Wir haben schon gesehen, dass diese Namensgebung nicht differenziert genug ist, um alle kombinatorisch verschiedenen Polyeder zu unterscheiden. So
enthält die fünfte Klasse, das sind die sechsflächigen Sechsecke, mit den Polyedern *A* und *B* zwei kombinatorisch unterschiedliche Polyeder. Dies war Euler
durchaus bewusst. In *Korollar 5* schreibt er:

> „Die vierte Art enthält ebenfalls nur einen Fall, von drei Vierecken und zwei Drei-
> ecken eingeschlossen, welcher dreieckiges Prisma genannt wird. Die folgenden Arten
> enthalten meistens mehrere Fälle, aber bei ihrer Aufzählung zu verweilen ist nicht er-
> laubt, deswegen weil andere hierher gehörende Eigenschaften der Körper noch nicht
> genügend entwickelt sind".[20]

Auch Euler betrachtete also Polyeder mit gleicher Ecken- und Flächenzahl. Ob
er aber erst dadurch, wie es in unserer Geschichte suggeriert wird, auf die Existenz einer Beziehung zwischen den drei Anzahlen hingewiesen wurde, fällt ins
Reich der Spekulation.[21]

---

[19] Euler, L. (1750), S. 22.
[20] Euler, L. (1750), S. 24.
[21] Teun Koetsier schreibt in „Lakatos' Philosophy of Mathematics, A Historical Approach", dass
Euler seine Formel durch Versuch und Irrtum gefunden hätte: „In 1750 it occurred to Euler to try to
determine the general properties of *solids bounded by plane faces*, i.e. polyhedra. He thought that it
was obvious that general theorems could be found, analogous to the theorem that in a polygon the
number of edges equals the number of angles. Having found the formula $F - V = E + 2$ by trial and
error and having shown the correctness of the formula for a number of special polyhedra in a first
paper, […]" (Koetsier, T. (1991), S. 30)). Die Indizien sprechen allerdings eher für einen Fund „en
passant" als für einen Fund durch „trial and error".

1.1.3 Lakatos – Finden durch Beweisen

Wenn Polya im Vorwort zu seinem Buch „Induktion und Analogie" in der Mathematik schreibt,

> „Man muß einen mathematischen Satz erraten, ehe man ihn beweist; man muß die Idee eines Beweises erraten, ehe man die Details ausführt".[22]

so trennt er damit die Entdeckung des Satzes von der Entdeckung des Beweises. Diese Sichtweise entspricht dem induktiven Vorgehen, dessen Resultat in erster Instanz nur eine Vermutung ist, die es dann zu beweisen gilt.

Imre Lakatos zeigt in seinem Buch „Beweise und Widerlegungen", dass man den Eulerschen Polyedersatz auch auf deduktive Weise entdecken kann. Als Ergebnis seiner Überlegungen erhält er neben dem Satz auch gleichzeitig einen Beweis. In Anspielung auf das obige Zitat von Polya können wir sagen: „Lakatos beweist den Eulerschen Polyedersatz, ehe er ihn erraten hat".

Das Buch „Beweise und Widerlegungen" ist in Form eines Klassengesprächs zwischen einem Lehrer und mathematisch gebildeten Schülern geschrieben. Die Namen der Schüler sind Buchstaben des griechischen Alphabets. In der folgenden Passage, in der Lakatos einen möglichen deduktiven Entdeckungsprozess des Polyedersatzes schildert, kommen der Lehrer und die Schüler Zeta, Beta, Sigma und Lambda zu Wort:

> „ZETA: Beginn? Warum sollte ich *beginnen*? Mein Kopf ist doch nicht leer, wenn ich ein Problem entdecke (oder erfinde).
>
> LEHRER: Veräppele Beta nicht. Hier ist das Problem: ‚*Gibt es eine Beziehung zwischen den Zahlen der Ecken, Kanten und Flächen eines Polyeders, die der trivialen Beziehung E = K zwischen den Zahlen der Ecken und Kanten eines Polygons analog ist?*' *Was würdest Du dazu sagen?*
>
> ZETA: Zunächst einmal habe ich keinerlei Bewilligungen der Regierung, um eine ausgedehnte Untersuchung von Polyedern durchzuführen, keine Armee von Forschungsassistenten, um die Zahlen ihrer Ecken, Kanten und Flächen zu zählen und große Tabellen aus den Daten zusammenzustellen. Aber selbst wenn ich das alles hätte, so hätte ich doch keinerlei Geduld – oder Interesse -, eine Formel nach der anderen zu prüfen, ob sie taugt.
>
> BETA: Aber was denn sonst? Willst Du Dich etwa auf Deine Couch legen, Deine Augen schließen und die Daten vergessen?
>
> ZETA: Ganz genau. Ich brauche eine *Idee*, mit der ich beginne, aber keinerlei Daten.

---

[22] Polya, G. (1962), S. 10.

BETA: Und woher bekommst Du Deine Idee?

ZETA: Sie ist bereits in unseren Köpfen, wenn wir das Problem formulieren – tatsächlich ist sie gerade die Formulierung des Problems.

BETA: Welche Idee?

ZETA: Daß für ein Polygon $E = K$ gilt.

BETA: Na und?

ZETA: Ein Problem fällt niemals von Himmel. Immer hat es einen Bezug zu unserem Hintergrundwissen. Wir wissen, daß für Polygone $E = K$ gilt. Nun ist ein Polygon ein System von Polygonen, das aus einem einzigen Polygon besteht. Ein Polyeder ist ein System von Polygonen, das aus mehr als einem einzigen Polygon besteht. Für Polyeder aber gilt $E \neq K$. An welchem Punkt des Übergangs von mono-polygonalen Systemen zu poly-polygonalen Systemen bricht die Beziehung $E = K$ zusammen? Anstatt Daten zu sammeln spüre ich auf, wie das Problem aus unserem Hintergrundwissen herauswuchs; oder welches die Erwartung war, deren Widerlegung das Problem aufwarf.

SIGMA: Gut. Folgen wir also Deiner Empfehlung. Für jedes Polygon gilt $K - E = 0$ (Abb. 17a). Was geschieht, wenn ich ein anderes Polygon (nicht unbedingt in der Ebene) hinzufüge? Das zusätzliche Polygon hat n_l Kanten und n_l Ecken; indem wir es jetzt dem ursprünglichen Polygon entlang einer Kette von n'_l Kanten und $n'_l + 1$ Ecken hinzufügen, werden wir die Zahl seiner Kanten um $n_l - n'_l$ und die Zahl seiner Ecken um $n_l - (n'_l + 1)$ erhöhen; im neuen 2-polygonalen System wird es also einen Überschuß der Kantenzahl gegenüber der Eckenzahl geben: $K - E = 1$ (Abb. 17b; für eine ungewöhnliche, aber vollkommen richtige Hinzufügung siehe Abb. 17c). Das ‚Hinzufügen' einer neuen Fläche zu dem System wird diesen Überschuß stets um eins erhöhen, und für ein so konstruiertes F-polygonales System gilt $K - E = F - 1$.

ZETA: Oder $E - K + F = 1$.

LAMBDA: Aber das ist für die meisten polygonalen Systeme falsch. Nehmt einen Würfel…

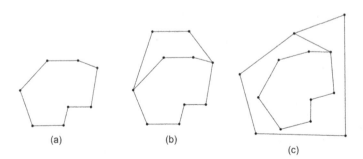

(a)   (b)

(c)

Abb. 17

SIGMA: Aber meine Konstruktion kann nur zu ‚offenen' polygonalen Systemen führen, die also durch einen Kreis von Kanten begrenzt sind! Ich kann mein Gedankenexperiment aber leicht auf ‚geschlossene' polygonale Systeme ohne eine solche Grenze ausdehnen. Ein solcher Abschluß kann ausgeführt werden, indem
man eine offenes, vasenähnliches polygonales System mit einem Polygon-Deckel
schließt: das Hinzufügen eines solchen bedeckenden Polygons wird F um eins
erhöhen, ohne E und K zu ändern. ...
ZETA: Oder: Für ein geschlossenens polygonales System – oder geschlossenes Polyeder –, das auf diese Weise konstruiert wurde, gilt $E - K + F = 2$ – eine Vermutung, zu der Du jetzt gelangt bist, ohne die Zahl der Ecken, Kanten und Flächen eines einzigen Polyeders zu ‚beobachten'!"[23]

Lakatos' Entdeckungsreise beginnt genauso wie Polyas Vorschlag mit der Frage
nach einer Beziehung zwischen den drei Anzahlen. Die beiden Geschichten
unterscheiden sich allerdings in der dann folgenden Vorgehensweise voneinander. Lakatos bezeichnet Zetas Vorgehen als *deduktives Mutmaßen* und Polyas
Vorgehen als *naives Mutmaßen*. Beide Methoden hält er für notwendig:

„Wir müssen gewiß beide heuristischen Muster lernen: deduktives Mutmaßen ist das
Beste, aber naives Mutmaßen ist immernoch besser als gar kein Mutmaßen".[24]

Immer wieder wirbt Lakatos für eine heuristische Darstellungsform von Mathematik, so wie sie in Polyas Werken verwirklicht ist.[25] Zu seiner Heuristik gehören aber auch deduktive Schlussweisen, die ihm von Polya offenbar zu sehr ver-
nachlässigt werden:

„Und einmal darin unterwiesen, daß der Weg der Entdeckung von den Tatsachen zur
Vermutung und von der Vermutung zum Beweis führt (der Mythos der Induktion),
kannst Du die heuristische Alternative: deduktives Mutmaßen völlig vergessen".[26]

---

[23] Lakatos, I. (1979), S. 63-64.
[24] Lakatos, I. (1979), S. 66.
[25] „Einige schöpferische Mathematiker, die sich nicht von Logikern, Philosophen oder anderen
Spinnern ins Handwerk pfuschen lassen wollen, pflegen zu sagen, daß die Einführung eines heuristischen Stiles ein Neuschreiben der Lehrbücher erfordern würde, wodurch sie so umfangreich werden
würden, daß kein Mensch sie jemals zuende lesen könnte. Auch Einzelarbeiten würden sehr viel
länger. Unsere Antwort auf dieses langweilige Argument ist: Versuchen wir's doch!" (Lakatos, I.
(1979), S. 136).
[26] Lakatos, I. (1979), S. 67. In einer Fußnote auf der gleichen Seite schreibt er: „Das Überleben der
mathematischen Heuristik in diesem Jahrhundert verdanken wir Polya. Seine Betonung der Ähnlich-
keiten zwischen naturwissenschaftlicher und mathematischer Heuristik ist einer der Hauptzüge seines
bewundernswerten Werkes. Was man als den einzigen schwachen Punkt bei ihm ansehen kann, hängt
mit seiner Stärke zusammen: Er stellt niemals infrage, daß die Naturwissenschaft induktiv sei, und
wegen seiner richtigen Sicht der tiefen Analogie zwischen naturwissenschaftlicher und mathematischer Heuristik wurde er zu der Ansicht geführt, auch die Mathematik sei induktiv. Dasselbe wider-
fuhr bereits Poincaré und ebenso Frechet".

Durch seine deduktive Entdeckungsgeschichte erweitert Lakatos also die Poly-
asche Heuristik um ein wichtiges Element, das „deduktive Mutmaßen" und er
relativiert die Vorrangstellung, die der Induktion beim mathematischen Entdecken zukommt.

Lakatos fordert, dass sowohl induktives als auch deduktives Schließen zu
erlernen sei. Mit dem Eulersche Polyedersatz steht uns ein elementarer Sachver-
halt zur Verfügung, anhand dessen wir beide Vorgehensweisen eindrucksvoll
demonstrieren und einander gegenüberstellen können.

1.2   Erraten eines Beweises

> „Wir Mathematiker sind die wahren Dichter, nur müssen wir das, was unsere Phantasie
> schafft, noch beweisen."[27]

1.2.1   Euler – in Analogie zur Planimetrie

In Abschnitt 1.1.2 haben wir spekuliert, dass Euler seine Formel bei dem Versuch, allen Polyedern einen geeigneten Namen zu geben, entdeckt hat. Sicher ist,
dass er die Formel auf induktive Weise und nicht durch deduktives Mutmaßen
gefunden hat, denn er schreibt:

> „Ich bin freilich gezwungen zu bekennen, dass ich bisher keinen zuverlässigen Beweis
> dieses Satzes habe erbringen können; inzwischen ist jedoch seine Wahrheit für alle Ar-
> ten von Körpern, bei welchen sie untersucht wird, nicht schwierig zu erkennen, so dass
> die folgende Induktion die Rolle eines Beweises spielen kann".[28]

Dass Euler sich dennoch einen stichhaltigen Beweis für die Formel wünscht,
wird aus dem letzten Satz seiner Abhandlung deutlich:

> „Obwohl ich nämlich nun freilich dafürhalte, diese Grundlagen ans Licht gezogen zu
> haben, bin ich doch gezwungen zu gestehen, dass ich diejenigen unter ihnen, welche
> für vorzüglich zu halten sind, bisher ohne passende und wahrhaft geometrische Be-
> weise gelassen habe, welche ich hauptsächlich deswegen hier öffentlich bekannt ge-
> macht habe, dass ich andere, welchen diese Mühe eine Obliegenheit ist und am Herzen
> liegt, zur Untersuchung dieser Beweise anfache; sind diese gefunden, so ist überhaupt

---

[27] Dieser Ausspruch wird Leopold Kronecker zugeschrieben.
[28] Euler, L. (1750), S. 9.

kein Zweifel, dass die Stereometrie zum selben Grad der Vervollkommnung empor geführt wird wie die Geometrie".[29]

Es gibt viele Beweise zum Eulerschen Polyederastz. Wir sind vor allem an den Wegen interessiert, die zu diesen Beweisen hinführen. Den zeitlich ersten Beweis des Eulerschen Polyedersatzes finden wir schließlich doch bei Euler selbst und zwar nicht in den „Grundlagen der Lehre von den Körpern", sondern in einem ein Jahr später verfassten Aufsatz mit dem Titel „Demonstratio nonnullarum insignium proprietatum quibus solida hedris plasa sunt praedita", zu deutsch, „Beweis einiger ausgezeichneter Eigenschaften, welchen von ebenen Seitenflächen eingeschlossene Körper unterworfen sind". Euler ist also im zweiten Anlauf doch noch fündig geworden. Aber wie? Durch Analogie?

Zu Beginn des zweiten Aufsatzes betont Euler noch einmal, dass das Finden eines Beweises des Polyedersatzes für ihn keine Selbstverständlichkeit war:

> „Als ich jedoch diese Mühe unternommen habe, habe ich viele ausgezeichnete Eigenschaften entdeckt, die allen in ebenen Seitenflächen enthaltenen Körpern gemein sind, und die denen völlig ähnlich scheinen, welche zu den Grundlagen der Lehre von den ebenen geradlinigen Figuren gerechnet zu werden pflegen; nicht ohne höchste Bewunderung habe ich festgestellt, dass die vorzüglichen unter ihnen in solchem Masse verborgen sind, dass ich damals alle Mühe, ihren Beweis herauszufinden, vergebens aufgewandt habe. Und auch von Freunden, welchen ich jene Eigenschaften mitgeteilt hatte, und ansonsten in diesen Dingen höchst bewandert, ist mir keinerlei Licht angezündet worden, woraus ich diese erwünschten Beweise hätte entnehmen können".[30]

Mit dieser Aussage relativiert Euler unsere Versuche das Entdecken der Formel oder eines Beweises der Formel im Nachhinein zu erklären. Das in den schon vorgestellten oder noch vorzustellenden Konzeptionen dargestellte mathematische Vorgehen mag plausibel, rational und damit nachvollziehbar erscheinen. Die Entdeckungen basieren nicht auf Zauberei. Daraus soll jedoch keineswegs geschlossen werden, dass es sich beim Entdecken um eine mechanisierbare Tätigkeit handelt, die wie ein Algorithmus auf einfache Weise erlernt werden könnte. Nachdem dies gesagt ist, wollen wir uns nun ausmalen, wie Euler seinen Beweis gefunden haben könnte, denn sein zweiter Aufsatz enthält genügend Anhaltspunkte für die Konstruktion einer denkbaren Entdeckungsgeschichte.

---

[29] Euler, L. (1750), S. 24.
[30] Euler, L. (1751), S. 1. Wenige Zeilen später schreibt er: „auch wenn mir nicht erlaubt war, dies durch einen strengen Beweis zu zeigen; und so schätzte ich, dass diese Eigenschaften zur Klasse der Wahrheiten zu zählen sind, welche durchaus zu erkennen, nicht jedoch zu beweisen zustünde."

In den „Grundlagen der Lehre von den Körpern" zeigt Euler, dass sein Polyedersatz zu einem weiteren Satz äquivalent ist, welcher besagt, dass die Summe S aller ebenen Winkel eines Polyeders nur von der Anzahl seiner Ecken E abhängt und dass gilt:

$$S = (4E - 8) \cdot 90°.$$

Wir nennen diesen Satz im Folgenden den *Winkelsummensatz*.[31] So wie der Eulersche Polyedersatz ein stereometrisches Analogon zu der Tatsache ist, dass bei einem Vieleck die Zahl der Ecken gleich der Zahl der Kanten ist, so bildet der Winkelsummensatz ein stereometrisches Analogon zu der Formel für die Innenwinkelsumme s eines ebenen n-Ecks:

$$s = (2n - 4) \cdot 90°$$

Diese letzte Formel können wir beispielsweise wie folgt beweisen: Wir wählen eine Ecke A des n-Ecks, die mit den beiden benachbarten Ecken B und C ein Dreieck ABC bildet, das im n-Eck enthalten ist.[32] Wir entfernen das Dreieck ABC und erhalten ein n-1-Eck dessen Innenwinkelsumme aufgrund der Wegnahme um $180°$ kleiner ist, als die des n-Ecks.

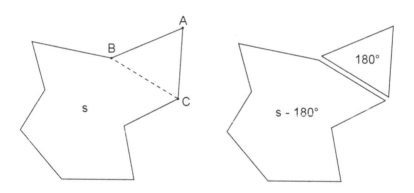

---

[31] „*Bei jedem von ebenen Seitenflächen eingeschlossenen Körper ist die Summe aller ebenen Winkel, aus welchen die Raumwinkel bestehen, gleich viermal so vielen rechten Winkeln, wie es Raumwinkel gibt, weniger acht.* Und diese Aussage hängt so mit der vorangegangenen zusammen, dass, wenn die eine bewiesen werden könnte, sogleich ein Beweis der anderen erhalten würde; weshalb der Mangel der Grundlagen der Stereometrie, den ich herausgestellt habe, behoben würde, wenn ein Beweis für irgendeine dieser beiden Aussagen gefunden würde." (Euler, L. (1751), S. 2).

[32] Bei nicht-konvexen Vielecken gibt es Ecken bei denen das entsprechende Dreieck außerhalb des Vielecks liegt.

Das Wegnehmen eines geeigneten Dreiecks wiederholen wir nun schrittweise bis von dem *n*-Eck nur noch ein Dreieck übrig ist. Das ist nach *n-3* Schritten der Fall. Die Innenwinkelsumme des verbliebenen Dreiecks ist dann um *(n-3)·180°* kleiner als die Innenwinkelsumme *s* des *n*-Ecks von dem wir ausgegangen waren. Also gilt:

$$180° = s - (n - 3) \cdot 180°.$$

Dies ergibt nach einer Umformung die gewünschte Formel. Wir haben im Wesentlichen einen Beweis mit vollständiger Induktion nach der Anzahl der Ecken *n* geführt. Sollte dies nicht auch beim Winkelsummensatz möglich sein?[33] Wir bräuchten dazu ein Verfahren, das ein gegebenes Polyeder in ein Neues verwandelt, dessen Eckenzahl um *1* kleiner ist als die des Alten. Dann müssten wir kontrollieren, ob sich bei dieser Operation die Summe aller ebenen Winkel tatsächlich um 360° verringert.

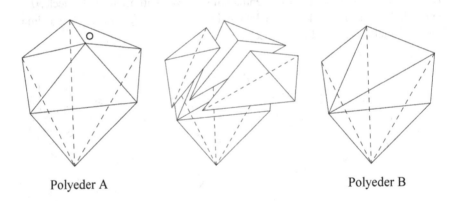

Polyeder A   Polyeder B

---

[33] „Als ich jedoch dieses Argument von neuem geprüft habe, habe ich endlich die erwünschten Beweise dieser Aussagen errungen, und zwar habe ich diese fast in ähnlicher Weise erreicht, auf welche in der Geometrie die analoge Aussage über die Summe der Winkel jeder beliebigen geradlinigen Figur bewiesen zu werden pflegt. Wie nämlich in der Geometrie jedwede geradlinige Figur durch fortgesetztes Entfernen von Winkeln endlich auf ein Dreieck zurückgeführt wird, so habe ich festgestellt, dass, gegeben irgendein von ebenen Seitenflächen eingeschlossener Körper, von dort fortgesetzt Raumwinkel entfernt werden können, so dass endlich eine dreieckige Pyramide übrigbleibt; da diese unter den Körpern die einfachste Figur ist, habe ich erkannt, dass man, sind ihre Eigenschaften bekannt, auf diese Weise wiederum zu den Eigenschaften aller Körper hinaufsteigen kann." (Euler, L. (1751), S. 2).

Wir betrachten als Beispiel das zuvor abgebildete Polyeder A. Wir möchten die Ecke O entfernen. Die benachbarten Ecken liegen jedoch leider nicht in einer Ebene, ansonsten hätten wir O als Spitze einer 5-seitigen Pyramide auffassen können und diese im Ganzen durch einen einzigen ebenen Schnitt entfernen können. So aber werden wir mehrere Schnitte benötigen: In O stoßen 5 Dreiecke zusammen. Von diesen wählen wir zwei benachbarte Dreiecke aus, und entfernen das Tetraeder, das durch die beiden Dreiecke bestimmt wird. Nun stoßen in O nur noch 4 Dreiecke zusammen. Wieder wählen wir zwei benachbarte Dreiecke aus und entfernen das dadurch festgelegte Tetraeder. Um O verbleiben danach nur noch 3 Dreiecke. Diese legen wiederum ein Tetraeder fest, welches wir ebenfalls entfernen. Damit ist schließlich auch die Ecke O verschwunden. Das so erhaltene Polyeder bezeichnen wir als Polyeder B. Es hat eine Ecke weniger als das Polyeder A.

Bei unserer Operation haben wir die 5 um O gelegenen Dreiecke beseitigt. Es sind dabei aber $3 = 5 - 2$ neue „darunter gelegene" Dreiecke an die Oberfläche gekommen. Die Anzahl der Flächen von Polyeder B ist somit um 2 kleiner als die von Polyeder A. Somit ist die Summe der ebenen Winkel von Polyeder B wie gewünscht um $360° = 2 \cdot 180°$ kleiner als die von Polyeder A.

Wir haben schon beobachtet wie sich die Anzahlen der Ecken und Flächen durch unsere Operation verändern. Die Eckenzahl sinkt um 1, die Flächenzahl sinkt um 2. Wenn nun beide Polyeder A und B den Eulerschen Polyedersatz erfüllen sollten, dann müsste die Kantenzahl durch unsere Operation um $3 = 1 + 2$ sinken. Ist das auch der Fall? Die 5 in O zusammenstoßenden Kanten verschwinden durch das Wegschneiden der Tetraeder, aber es entstehen auch $2 = 5 - 3$ neue Kanten auf der Oberfläche. Polyeder B hat also tatsächlich 3 Kanten weniger als Polyeder A.

Bezeichnen wir mit E, K und F die Anzahlen der Ecken, Kanten und Flächen von Polyeder A und mit E', K' und F' die betreffenden Anzahlen von Polyeder B, so gilt:

$$E' = E - 1, \qquad K' = K - 5 + 2 = K - 3 \quad \text{und} \quad F' = F - 5 + 3 = F - 2.$$

Daraus folgt:

$$E' - K' + F' = E - 1 - (K - 3) + F - 2 = E - K + F.$$

Stoßen, allgemeiner, in der zu entfernenden Ecke n Dreiecke, anstatt 5, zusammen, so wird man zum Entfernen dieser Ecke $n - 2$ Tetraeder wegschneiden und erhält:

$$E' = E - 1, \quad K' = K - n + (n - 3) = K - 3 \quad \text{und} \quad F' = F - n + (n - 3) = F - 2.$$

Auch hier gilt folglich:

$$E' - K' + F' = E - K + F.$$

Jetzt haben wir die wesentliche Idee des Eulerschen Beweises entdeckt: Wir zeigen, dass die Zahl $E - K + F$ beim Entfernen einer Ecke eines beliebigen Polyeders konstant bleibt, und führen dann ausgehend vom Tetraeder einen Beweis mit vollständiger Induktion nach der Anzahl der Ecken.

Freilich ist es bis zu einem strengen Beweis noch ein langer Weg. Beispielsweise wären die folgenden Detailfragen zu klären:

- Wie verfährt man, wenn in O nicht nur Dreiecke zusammenstoßen?

- Wie verändern sich die Anzahlen der Ecken, Kanten und Flächen, wenn die neu entstehenden Vielecke auf der Oberfläche von Polyeder B nicht allesamt Dreiecke sind?

- Ist die Wahl der zu entfernenden Ecke relevant?

- Eine Ecke kann auf verschiedene Weisen durch das Wegnehmen von Tetraedern entfernt werden. Ist es für den weiteren Verlauf des Verfahrens wichtig, welche Möglichkeit gewählt wird?[34]

Wir gehen auf diese Fragen nicht weiter ein, und geben uns schon mit der dargestellten Entdeckung der groben Beweisidee zufrieden. Wir blicken noch einmal darauf zurück. Anstatt auf direkte Weise nach einem Beweis für den Eulerschen Polyedersatz zu suchen, haben wir es über einen Umweg, namens Winkelsummensatz, probiert. Ein Beweis des Winkelsummensatzes würde aufgrund der Äquivalenz der beiden Sätze auch die Wahrheit des Polyedersatzes sichern. Die Idee für einen Beweis des Winkelsummensatzes zogen wir aus einem Analogieschluss: Das planimetrische Analogon des Winkelsummensatzes, die Formel für die Innenwinkelsumme eines Vielecks, wird üblicherweise mit vollständiger Induktion nach der Anzahl der Ecken bewiesen. Warum sollte dies nicht auch beim Winkelsummensatz selbst gelingen? Während der Durchführung des Induktionsschritts erkannten wir schließlich, dass man auf die gleiche Weise, nämlich mit vollständiger Induktion nach der Anzahl der Ecken, den Polyedersatz auch direkt beweisen kann.

---

[34] Bei einer ungeschickten Wegnahme der Tetraeder können auch nicht-konvexes oder sogar entartete Polyeder, die dem Polyedersatz widersprechen, entstehen. (vgl. Francese, C. & Richeson, D. (2007), S. 286-296).

Im Nachhinein haben wir also die Möglichkeit den Polyedersatz zu beweisen, ohne dabei den Winkelsummensatz in irgendeiner Weise zu erwähnen.[35] Der Winkelsummensatz erscheint uns nun als ein überflüssiger Ballast, den es Wegzulassen gilt. Für die Entdeckung war er jedoch keineswegs überflüssig, möglicherweise gar notwendig. Daher ist es für das Lehren von Mathematik als einer Wissenschaft des Entdeckens hilfreich auch die noch nicht entflochtenen oder bereinigten Beweise zu kennen.

1.2.2 Euler oder Cauchy – Körper oder Fläche

Der in Lakatos' Konzeption durch deduktives Mutmaßen entdeckte Beweis, den wir in Abschnitt 1.1.3 thematisiert haben, geht auf A. L. Cauchy zurück. Man findet diesen Beweis in Cauchys Artikel „Recherches sur les polyèdres", zu deutsch „Untersuchungen über die Vielflache". Lakatos hat den Beweis in der Darstellung allerdings leicht abgewandelt. Er beginnt mit einem Polygon und baut das Polyeder durch schrittweises Anfügen von weiteren Polygonen zusammen. Cauchy verfährt in entgegengesetzter Richtung, beginnt mit dem fertigen Polyeder und entfernt dann schrittweise Polygone bis nur noch ein einziges Polygon übrig ist.

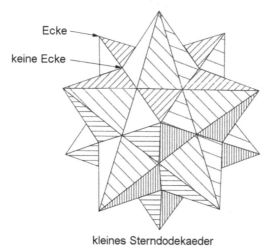

Ecke

keine Ecke

kleines Sterndodekaeder

---

[35] Eine schülergerechte Darstellung des Eulerschen Beweises findet man in Richeson, D.S. (2008). Der Winkelsummensatz wird dort allerdings nicht genannt.

Cauchys Artikel besteht aus zwei Teilen. Im ersten Teil beantwortet er die von Poinsot in 1809 aufgeworfene Frage nach der Anzahl der regelmäßigen Polyeder. Poinsot hatte in „Memoire sur les polygones et polyèdres", zu deutsch „Abhandlung über Vielecke und Vielflache", den Polyederbegriff erweitert, indem er auch „Körper" betrachtete, deren Seitenflächen sich gegenseitig durchdringen. Als Seitenflächen ließ er neben den gewöhnlichen Polygonen auch sogenannte Sternpolygone, wie z.B. das Pentagramm, zu. Als Beispiel betrachten wir das oben abgebildete Polyeder. Dabei handelt es sich um das sogenannte *kleine Sterndodekaeder*. Es wird von *60* Dreiecken begrenzt und dennoch als Dodekaeder bezeichnet. Warum? Jeweils *5* der Dreiecke liegen zusammen in einer Ebene und bilden ein Pentagramm. Wir können das Polyeder also auch aus *12* Pentagrammen aufgebaut sehen.[36]

Zählt man als Ecken des Polyeders nur jene Ecken, die durch die Ecken der Pentagramme gebildet werden und nicht jene, die durch die Selbstdurchdringungen entstehen, so kommen an jeder Ecke des Polyeders gleich viele, nämlich *5* Pentagramme zusammen. So gesehen handelt es sich beim kleinen Sterndodekaeder um einen regelmäßigen Körper. Poinsot fand neben diesem unter den „neuen" Polyedern noch drei weitere, die als regelmäßig zu bezeichnen sind, und stellte die Frage, ob dies zusammen mit den fünf platonischen Körpern alle regelmäßigen Polyeder seien.[37] Cauchy zeigte, dass das der Fall ist.[38] Im zweiten Teil des Artikels präsentiert Cauchy zunächst seinen Beweis des Eulerschen Polyedersatzes, um daraufhin auf analoge Weise die folgende Verallgemeinerung des Eulerschen Polyedersatzes zu beweisen:

„Zerlegt man ein Vielflach dadurch in eine beliebige Anzahl anderer Vielflache, daß man in seinem Innern beliebig viele neu Eckpunkte annimmt, und bezeichnet man mit

---

[36] „Da ein und dasselbe Vielflach sowohl von Vielecken einer Ordnung, als solchen einer anderen Ordnung erscheinen kann, so wollen wir als Flächen die Ebenen nehmen, die in geringster Zahl das Vielflach vollständig begrenzen. So gibt es z.B. ein Vielflach, das auf den ersten Blick von sechzig verschiedenen gegeneinander geneigten Dreiecken begrenzt erscheint, das aber, genauer betrachtet, von zwölf Fünfecken gebildet, also im Grunde genommen nur ein einfaches Zwölfflach ist." (Poinsot, M. (1809), S. 30).

[37] „Von Körpern höherer Art gibt es daher vier neue vollkommen regelmäßige Vielflache, deren Existenz sicher feststeht. Diese Vielflache bieten uns aber keine neuen Zahlen dar, weder für die Seitenflächen noch für die Ecken. Ihre Existenz macht mithin die Existenz ganz neuer, d.h. solcher, bei denen die Anzahl der Flächen oder Ecken nicht eine der Zahlen, 4, 6, 8, 12, 20 ist, nicht wahrscheinlicher. Sind solche Vielflache unmöglich, und kann man Punkte auf einer Kugelfläche nur dann gleichmäßig verteilen, wenn ihre Anzahl gleich einer der obigen Zahlen ist? Dies ist ein Problem, das einer eingehenden Untersuchung gewürdigt zu werden verdient, und das in voller Strenge zu lösen nicht einfach erscheint." (Poinsot, M. (1809), S. 41).

[38] „Aus dem soeben Gesagten folgt, dass man andere regelmäßige Vielflache höherer Art als die vier von Poinsot beschriebenen nicht konstruieren kann." (Cauchy, A.L. (1811), S. 62).

P die Anzahl aller so entstandenen neuen Vielflache, mit E die Gesamtzahl der Ecken, also einschließlich der Ecken des ursprünglichen Vielflachs, mit F die Gesamtzahl der Flächen und mit K die Gesamtzahl der Kanten, so ist

$$E + F = K + P + 1$$

d.h. die Summe gebildet aus der Anzahl der Ecken und der Anzahl der Flächen übertrifft die aus der Anzahl der Kanten und der Anzahl der Vielflache gebildete Summe um Eins".[39]

Bevor Cauchy in seinem Beweis des Polyedersatzes mit der Wegnahme von Polygonen beginnt, sorgt er durch das Einziehen zusätzlicher Diagonalen dafür, dass alle Seitenflächen des Polyeders Dreiecke sind. Nachdem er danach ein erstes Dreieck entfernt hat, lautet der Beweis in Cauchys Worten wie folgt:

„Man denkt sich nun die einzelnen Dreiecke allmählich fortgenommen, bis schließlich nur ein einziges Dreieck noch übrig geblieben ist, indem man zuerst die an der äußeren Begrenzung liegenden Dreiecke und dann weiter stets nur solche fortnimmt, die eine oder zwei Seiten mit bereits entfernten Dreiecken gemeinschaftlich hatten. Es sei h' die Anzahl der Dreiecke, die in dem Augenblicke, wo man sie fortnimmt, eine Seite mit der äußeren Begrenzung gemeinsam haben, und h'' die Anzahl der Dreiecke, die in dem nämlichen Zeitpunkte mit zwei Seiten der äußeren Begrenzung angehören. Im ersten Falle hat die Wegnahme eines jeden Dreiecks das Verschwinden einer Seite und im zweiten Falle das Verschwinden zweier Seiten und einer Ecke zur Folge. Daraus ergibt sich, daß in dem Augenblicke, wo alle Dreiecke bis auf ein einziges fortgenommen sind, die Anzahl der entfernten Dreiecke gleich

$$h' + h''$$

die Anzahl der dadurch zugleich zerstörten Seiten gleich

$$h' + 2h'',$$

und die Anzahl der zerstörten Ecken gleich

$$h''$$

ist".[40]

Die Zahl $E - K + F$ ist also während des Wegnahmeprozesses, jedenfalls nach Wegnahme des allerersten Dreiecks, konstant. Daher ist diese Zahl für das Ausgangspolyeder um 1 größer als für das Dreieck, das am Ende des Wegnahmeprozesses noch verblieben ist. Damit ist der Polyedersatz bewiesen. Cauchy beweist

---

[39] Cauchy, A.L. (1811), S. 63-64.
[40] Cauchy, A.L. (1811), S. 66.

den Polyedersatz also, wie Euler auch, mit vollständiger Induktion, allerdings im Gegensatz zu Euler nicht mit Induktion nach der Anzahl der Ecken, sondern nach der Anzahl der Flächen.

Ausgangspunkt für die Entdeckung des Cauchyschen Beweises war in Lakatos' Konzeption die Tatsache, dass Polygone genauso viele Ecken wie Kanten besitzen. Auch Euler hebt diese Tatsache als das planimetrische Analogon des Polyedersatzes schon in den „Grundlagen der Lehre von den Körpern" ausdrücklich hervor:

> „Diese Wahrheit jedoch, so schwierig bewiesen, besteht darin, dass bei jedem von ebenen Seitenflächen eingeschlossenen Körper das Aggregat aus der Anzahl der Seitenflächen und der Anzahl der Raumwinkel immer um zwei die Anzahl der Grate überschreitet; diese Aussage entspricht der, nach welcher in der ebenen Geometrie die Anzahl der Winkel einer jeden geradlinigen Figur der Anzahl der Kanten gleich ist. Und wie diese die Grundlage der Kenntnis der Figuren enthält, so ist zu vermuten, dass jene in der Stereometrie die ersten Grundsätze der Kenntnis der Körper umfasst".[41]

Der Schlüssel in Lakatos' Entdeckungsgeschichte ist die Feststellung, dass sich bei Polyedern die Anzahl der Ecken von der Anzahl der Kanten unterscheidet und die darauf folgende Frage, an welcher Stelle die Beziehung $E = K$ beim Zusammensetzen des Polyeders aus den einzelnen Polygonen zusammenbricht. Das Suchen nach der Antwort auf diese Frage führte dann geradezu zwangsläufig zum Cauchyschen Beweis des Eulerschen Polyedersatzes. Offenbar hat sich Euler diese Frage, trotz der von ihm herausgestellten Analogie des Polyedersatzes zur Gleichheit von Ecken- und Kantenzahl bei Polygonen, nicht gestellt. Warum nicht? Eine mögliche Antwort auf diese Frage liefert ein kurzer Vergleich der Polyederbegriffe bei Euler und bei Cauchy. Was „ist" eigentlich ein Polyeder? Euler spricht in seinen beiden Artikeln durchgehend von Körpern, die von ebenen Seitenflächen *eingeschlossen* sind.[42] Seinem Sprachgebrauch zufolge denkt Euler bei einem Polyeder also in erster Linie an einen „massiven" Festkörper. Auch sein Beweis, bei dem das Polyeder mit einem „Messer" bearbeitet wird, beruht auf dieser Vorstellung:

---

[41] Euler, L. (1750), S. 2.
[42] „Gegeben irgendeinen *von ebenen Seitenflächen eingeschlossenen Körper*, einen gegebnen Raumwinkel so entfernen, dass bei dem übrigbleibenden Körper die Zahl der Raumwinkel um eins kleiner ist." (Euler (1751), S. 4).

„Dann, das Messer bei AC angesetzt, werde ein Schnitt geführt zum Winkel F entlang der Ebene AFC, und aus O ein weiterer Schnitt FOC, so dass die dreieckige Pyramide $OADF$ abgetrennt wird".[43]

In den „Grundlagen der Lehre von den Körpern" schreibt Euler:

„Also muss die Betrachtung der Körper auf ihre Oberfläche gerichtet werden: wenn nämlich die Oberfläche bekannt ist, von welcher ein Körper von allen Seiten eingeschlossen wird, kennt man den Körper selbst auf ähnliche Weise, wie die Beschaffenheit jeder ebenen Figur aus ihrem Rand definiert zu werden pflegt".[44]

Von hier aus scheint es nur noch ein kleiner Schritt zu sein, die Oberfläche selbst als das Polyeder zu sehen. Euler nimmt diese Perspektive jedoch nie wirklich ein. Er führt jedenfalls keine Operationen durch, die auf der Vorstellung von Polyedern als Flächen beruhen. Bei Cauchy ist dies natürlich anders. Das Wegnehmen von Dreiecken in seinem Beweis erfordert es das Polyeder als Fläche aufzufassen. Die Beschäftigung mit den Sternpolyedern von Poinsot erzwingt den Übergang zu Flächen gewissermaßen, da sich die Sternpolyeder aufgrund ihres Wesens der Vorstellung als Festkörper entziehen. Im ersten Teil seines Artikels, der ja von den Sternpolyedern handelt, definiert Cauchy:

„Ein Vielflach beliebiger Art heißt regelmäßig, wenn es von lauter kongruenten und regelmäßigen Vielecken *gebildet* wird, die miteinander gleiche Neigungswinkel einschließen und in gleicher Zahl an jeder Ecke angeordnet sind".[45]

Das Polyeder wird also nicht mehr nur von seinen Seitenflächen begrenzt, sondern durch diese konstituiert. Cauchy legt aber die Vorstellung von Polyedern als Festkörper nicht völlig beiseite[46], sondern er operiert mit beiden Vorstellungen je nach Bedarf. Sobald man mit beiden Vorstellungen vertraut ist und flexibel zwischen diesen wechseln kann, erscheint die Frage nach dem primären Wesen der Polyeder im Bezug auf die „gewöhnlichen" Polyeder für die mathematische Praxis uninteressant. Ist aber eine der Vorstellungen dominant, sodass sich die Assoziationen und Handlungen nur auf jene Vorstellung beziehen, so sind die

---

[43] Euler, L. (1751), S 4.
[44] Euler, L. (1750), S. 3
[45] Cauchy, A.L. (1811), S. 51.
[46] Im Beweis seiner Verallgemeinerung des Polyedersatzes schreibt Cauchy: „Wir nehmen jetzt weiter an, daß man von dem gegebenen Vielflache B die verschiedenen dreiseitigen Pyramiden, aus denen es zusammengesetzt ist, nacheinander wegnimmt, bis schließlich nur eine einzige Pyramide übrig bleibt, und zwar so, daß man mit den Pyramiden beginnt, die in der äußeren Oberfläche des gegebenen Vielflachs B gelegene dreieckige Flächen besitzen, und dann weiterhin solche Pyramiden fortnimmt, von denen eine oder mehrere Flächen durch die Fortnahme früherer Pyramiden erst aufgedeckt worden sind." (Cauchy, A.L. (1811), S. 70).

Entdeckungsmöglichkeiten eben auch auf diese Vorstellung beschränkt: Denkt man wie Euler bei einem Polyeder vorrangig an einen Festkörper, so kommt einem die Idee das Polyeder Schritt für Schritt aus Polygonen zusammenzusetzen gar nicht in den Sinn. Die Frage an welcher Stelle dabei die Beziehung $E = K$ zusammenbricht stellt sich dann nicht und der Beweis von Cauchy bleibt unentdeckt.

Für die Behandlung von Polyedern im Unterricht bieten verschiedene Hersteller spezielle Bausätze an mit denen man Modelle von Polyedern herstellen kann. Ein weit verbreitetes Anschauungsmittel dieser Art ist Polydron (siehe Abbildung oben). Als Bauelemente stehen bei Polydron verschiedenartige Polygone zur Verfügung, die entlang ihrer Kanten mit einem Scharnier versehen sind, sodass man jeweils zwei Polygone entlang einer ihrer Kanten zusammenheften kann (siehe Abbildung unten).

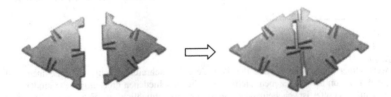

Das Spielen und Experimentieren mit dem Material stärkt die Vorstellung des Polyeders als einer Fläche und lenkt die Aufmerksamkeit auf die Handlungen, die mit dem Material konkret durchgeführt werden können, also insbesondere auf das Hinzufügen und Entfernen von Polygonen. Damit steht die Verwendung von Polydron oder eines vergleichbaren Materials im Einklang mit dem Beweis von Cauchy und bereitet ein Wiederentdecken dieses Beweises vor.

1.2.3 von Staudt – Polyedernetze

Modelle von Polyedern kann man, anstatt mittels Polydron, natürlich auch aus Papier herstellen. Der Bastelaufwand hält sich in Grenzen, wenn man ein *Netz* des Polyeders zur Verfügung hat. Bei einem solchen Netz handelt es sich um ein Gebiet in der Ebene, das aus Polygonen besteht und aus dem das zu bastelnde Polyeder durch Falten entlang der Kanten der Polygone entsteht.[47] In nachfolgender Abbildung sieht man als Beispiel ein Netz des Tetraeders und ein Netz des Oktaeders.

Tetraedernetz   Oktaedernetz

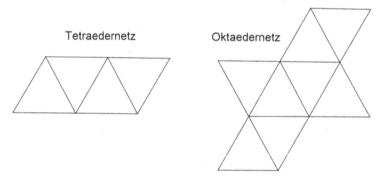

Polyedernetze, insbesondere die des Würfels, sind schon in der Grundschule Gegenstand von Betrachtungen. Klassisch ist die Frage nach der Anzahl der nicht-kongruenten Würfelnetze. Es gibt *11* verschiedene Netze des Würfels. Sie sind nachfolgend abgebildet.

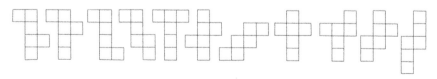

---

[47] Es ist bisher ungeklärt, ob jedes konvexe Polyeder ein solches Netz besitzt. Das Problem ist als Shephardsche Vermutung bekannt.

Führt man Polyeder über ihre Netze ein, so wird dadurch wiederum die Vorstellung von Polyedern als Flächen gestärkt. Aber anstatt mit einzelnen nicht verbundenen Polygonen zu beginnen und diese Stück für Stück aneinander zu fügen, geht man beim Bau des Polyeders aus einem Netz von einem einzigen zusammenhängenden Stück aus. Das Hinzufügen oder Entfernen von Polygonen spielt hier keine Rolle. Die relevanten Handlungen sind nun das Falten und das Verkleben von Kanten. Der Beweis von Cauchy passt also nicht so gut zum Zugang über die Polyedernetze. Gibt es einen geeigneteren Beweis, einen der auf die Eigenschaften der Netze zurückgreift?

Was entdecken wir wenn wir die Netze des Würfels im Lichte der Eulerschen Polyederformel betrachten? Wir gehen dieser Frage nach. Unser Augenmerk liegt also auf den Anzahlen der involvierten Größen der Würfelnetze. Beispielsweise können wir nach der Anzahl der Kanten fragen, die wir falten müssen, um aus einem bestimmten Würfelnetz den Würfel zu erhalten. Bei jedem der *11* Netze sind dies jeweils *5* Kanten, also eine Kante weniger als der Würfel Flächen besitzt. Das dies kein Zufall ist, sondern auch für andere Polyeder und deren Netze gilt, lässt sich wie folgt erklären:

Bei den zu faltenden Kanten handelt es sich um die *inneren Kanten* des Netzes, d.h. um die Kanten, die nicht entlang vom Rand des Netzes liegen. Wir zerschneiden diese Kanten des Netzes Schritt für Schritt in einer beliebigen Reihenfolge. Der erste Schnitt zerlegt das Netz in zwei separate Stücke. Bei jedem weiteren Schnitt zerfällt ein bis dato zusammenhängendes Stück ein zwei kleinere Stücke. Die Anzahl der separaten Stücke erhöht sich also bei jedem Schnitt um Eins. Die nachfolgende Abbildung zeigt eine Zerschneidung eines Tetraedernetzes.

Wenn man schließlich alle inneren Kanten zerschnitten hat, ist die Anzahl der Stücke gleich der Anzahl der Flächen des Polyeders. Die Anzahl der inneren Kanten eines Polyedernetzes ist damit um *1* kleiner als die Anzahl der Flächen des Polyeders. Wir halten dies in der folgenden Formel fest:

innere Kanten = Flächen − 1.[48]

---

[48] Hier ist mit „innere Kanten" die Anzahl der inneren Kanten des Netzes gemeint. Das gleiche gilt für die „Flächen".

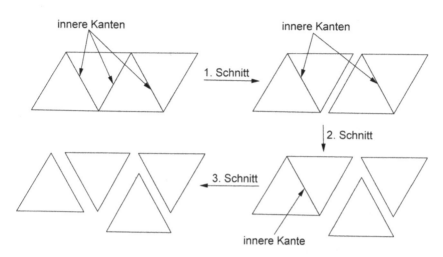

Neben den inneren Kanten des Netzes gibt es auch solche die auf dem Rand liegen. Wir bezeichnen sie als *äußere Kanten* des Netzes. Beim Bau des Polyeders müssen sie in Paaren miteinander verklebt werden. Jede Kante des fertigen Polyeders ist entweder aus einer inneren Kante des Netzes oder aus zwei äußeren Kanten des Netzes hervorgegangen. Im ersteren Fall sprechen wir von *gefalteten Kanten*, im letzteren Fall von *geklebten Kanten* des Polyeders. Für jedes Polyeder, das aus einem Netz gebastelt wurde, gilt dann die folgende Formel:

$$\textit{gefaltete Kanten = Flächen} - 1.$$

Ein solches Polyeder erfüllt nun genau dann den Eulerschen Polyedersatz, wenn zusätzlich die folgende Formel gilt:

$$\textit{geklebte Kanten = Ecken} - 1.$$

Bis hierher haben wir unsere ursprüngliche Vermutung, dass die Eulersche Polyederformel gilt, in zwei feinere Teilformeln zerlegt, von denen wir die Erste schon bewiesen haben. Die Zweite, die besagt, dass die Anzahl der geklebten Kanten um *1* kleiner als die Anzahl der Ecken des Polyeders ist, gilt es jetzt noch zu beweisen.

Wir markieren nun die geklebten Kanten verschiedener aus Netzen gebastelter Polyeder in der Hoffnung dadurch Einsichten über die Beziehung zwischen den geklebten Kanten und den Ecken zu gewinnen. Die folgende Abbildung zeigt beispielsweise ein Würfelnetz sowie den daraus entstandenen Würfel, dessen geklebte Kanten fett gedruckt sind.

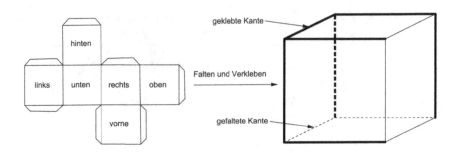

Beim Betrachten der „markierten" Polyeder beobachten wir Folgendes:

■   Von jeder Ecke des Polyeders gelangen wir zu jeder anderen Ecke über
     einen Weg bestehend aus geklebten Kanten.

■   Es gibt stets nur einen solchen Weg.

In mathematischer Terminologie besagt die erste Eigenschaft, dass die Ecken
und geklebten Kanten des Polyeders gemeinsam einen zusammenhängenden
Graphen bilden. Die zweite Eigenschaft besagt, dass es sich bei diesem Graphen
um einen Baum handelt.

   Wie lässt sich das Beobachtete erklären? Die erste Eigenschaft erbt das Polyeder von seinem Netz: Da alle Ecken des Netzes auf dem Rand liegen, kann
man von jeder Ecke des Netzes zu jeder anderen über einen Weg bestehend aus
äußeren Kanten gelangen. Beim Zusammenkleben von Kantenpaaren bleibt diese
Eigenschaft erhalten. Warum gilt auch die zweite Eigenschaft? Angenommen es
gäbe zwei verschiedene Wege aus geklebten Kanten zwischen zwei Ecken des
Polyeders. Dann gäbe es einen „geschlossenen" Weg aus geklebten Kanten auf
dem Polyeder. Zerschnitten wir das Polyeder entlang dieses geschlossenen Weges, so zerfiele es dadurch in zwei separate Stücke.[49] Das kann aber nicht sein,
denn wenn wir das Polyeder sogar entlang aller geklebter Kanten aufschneiden,
so erhalten wir das Netz des Polyeders zurück, welches aber nur aus einem Stück
besteht. Also kann es nur einen Weg aus geklebten Kanten zwischen zwei Ecken
des Polyeders geben.

   Wir haben damit gezeigt, dass Ecken zusammen mit den geklebten Kanten
des Polyeders einen Baum bilden. Bei einem Baum ist die Zahl der Ecken um *1*
größer als die Zahl der Kanten. Das wiederum zeigt man analog zur Tatsache,

---

[49] Offenbar betrachten wir nur einfach-zusammenhängende Polyeder.

dass die Zahl der Flächen eines Netzes die Zahl ihrer inneren Kanten um *1* übertrifft.

Den soeben erarbeiteten Beweis findet man erstmals in von Staudts „Geometrie der Lage". Er lautet dort wie folgt:

„Wenn nämlich der Körper E Eckpunkte hat, so sind $E - 1$ Kanten, von welchen die
erste zwei Eckpunkte unter sich, die zweite einen derselben mit einem dritten, die dritte einen der drei vorigen mit einem vierten u. s. w. verbindet, hinreichend um von jedem Eckpunkte auf jeden andern übergehen zu können. Da nun in einem solchen Systeme von Kanten keine geschossene Linie enthalten ist, jede der übrigen (noch freien)
Kanten aber mit zwei oder mehrern Kanten des Systems eine geschlossene Linie bildet, so sind die übrigen Kanten hinreichend aber auch alle erforderlich, um durch sie
von jeder der F Flächen des Körpers auf jede andere übergehen zu können, woraus
man schliessen kann, dass die Anzahl der übrigen Kanten $F - 1$, mithin die Anzahl aller Kanten $E - F - 2$ und demnach $E + F = K + 2$ sey."[50]

Von Staudt betrachtet also den Graphen bestehend aus den Ecken und Kanten
des Polyeders und wählt einen maximalen Baum in diesem Graphen. Dadurch
hat er „plötzlich" zwei unterschiedliche Arten von Kanten, solche die auf dem
Baum liegen und solche die nicht darauf liegen. Die Kanten der ersten Art kann
er dann den Ecken, die der zweiten Art den Flächen zuordnen. Die entscheidende
Beweisidee ist also zunächst einen maximalen Baum in das Polyeder „hineinzu-
sehen". Beim unserem Zugang über die Polyedernetze geschieht dies auf natürliche Weise. Der maximale Baum fällt hier nicht vom Himmel, sondern ergibt sich
schlicht als Menge der geklebten Kanten.

Unterschiedliche Vorstellungen von Polyedern legen also auch unterschiedliche Beweisideen zum Eulerschen Polyedersatz nahe. Betrachtet man Polyeder
als Festkörper, so stößt man am ehesten auf den Eulerschen Beweis. Denkt man
Polyeder aus einzelnen Polygonen zusammengesetzt, so liegt der Beweis von
Cauchy besonders nahe. Schließlich erscheint der von Staudtsche Beweis besonders plausibel, wenn man Polyeder aus einem Netz entstanden denkt.

---

[50] Staudt von, G.K.C. (1847), S. 20-21. Der von Staudtsche Beweis ist heute einer der klassischen
Lehrbuchbeweise zum Eulerschen Polyedersatz. Wegen der vom Beweis ausgedrückten Dualität
zwischen den Ecken und Flächen des Polyeders hat der Beweis sogar Eingang in „Erdös" „Buch der
Beweise" gefunden (vgl. Aigner, M. & Ziegler, G.M. (2003), S. 65).
Eine Einkleidung des Beweises finden wir in Lietzmanns „Anschauliche Topologie": Wir werden
„das Vielecknetz als Landkarte auffassen. In diesem Bilde haben wir also in unserem Falle etwa
eine Insel mit einem sie allseitig umgebenden Meer anzunehmen. Die Insel bilden die *f -1* Flächen,
die noch fehlende Fläche ist das Meer. An dieses Bild anschließend wollen wir nun folgendes Problem behandeln: Die *k* Vieleckskanten sind Deiche auf unserer Insel. Wir fragen, wieviel Deiche
müssen mindestens durchbrochen werden, um alle *f – 1* Flächen von Meer zu überfluten. [...]"
(Lietzmann, W. (1955), S. 98. Man vergleiche auch Rademacher, H. & Toeplitz, O. (1930), S. 56.).

2 Über eine Kluft in Lakatos' „Beweise und Widerlegungen"

„Es gibt keine Idee, die nicht die Möglichkeit einer Widerlegung, kein Wort, das nicht sein Gegenwort in sich trägt".[1]

2.1 Beschreibung der Kluft

„It is one of the chief merits of proofs that they instill a certain sceptisism as to the result proved".[2]

2.1.1 Die Lakatossche Heuristik des mathematischen Entdeckens

Nachdem Euler schließlich seinen Beweis für die Polyederformel gefunden hatte, war das Thema Polyedersatz für ihn erledigt und er wendete sich wieder anderen Fragen zu. Im Jahr 1794 erschien Legendres „Éléments de Géométrie", ein Lehrbuch zur Geometrie, das sich im 19. Jahrhundert großer Beliebtheit erfreute. Legendre behandelte in diesem Buch auch den Eulerschen Polyedersatz mit einem eigenen Beweis, der auf sphärischer Geometrie basiert. Die Popularität des Buchs verhalf dem Eulerschen Satz zu größerer Bekanntheit. Im darauf folgenden Jahrhundert erschien dann eine ganze Flut von Artikeln zum Polyedersatz. Die wichtigsten Arbeiten sind in der folgenden Liste aufgeführt:

1794	Legendre, A.-M.	Éléments de Géométrie
1810	Poinsot, L.	Mémoire sur les Polygones et les Polyèdres
1811	L'Huilier, S.A.J.	Démonstration immediate d'un theorem fondamental d'Euler sur les polyèdres, et exceptions deont ce theorem est susceptible
1813	Cauchy, A.L.	Sur les Polygones et les Polyèdres

---

[1] Proust, M. (2000), S. 3574.
[2] Russel, B. (1903), S. 360.

1818	Gergonne, J.D.	Essai sur la Théorie des Definitions
1826	Steiner, J.	Leichter Beweis eines Stereometrischen Satzes von Euler
1832	Hessel, J.F.	Nachtrag zu dem Euler'schen Lehrsatze von Polyedern
1847	von Staudt, K.G.C.	Geometrie der Lage
1852	Schläfli, L.	Theorie der Vielfachen Kontinuität
1859	Cayley, A.	On Poinsot's Four New Regular Solids
1861	Listing, J.B.	Der Census Räumlicher Complexe
1863	Matthiessen, L.	Über die Scheinbaren Einschränkungen des Euler'schen Satzes von den Polyedern
1865	Möbius, A.F.	Über die Bestimmung des Inhaltes eines Polyeders
1866	Jordan, C.	Résumé de Recherches sur la Symétrie des Polyèdres non Eulériens
1874	Becker, O.	Neuer Beweis und Erweiterung eines Fundamentalsatzes über Polyederflächen
1879	Hoppe, R.	Ergänzung des Eulerschen Satzes von den Polyedern
1888	Dyck, W.	Beiträge zur Analysis Situs
1890	Jonquieres, E. de	Note sur un Point Fondamental de la Théorie des Polyèdres
1891	Raschig, L.	Zum Eulerschen Theorem der Polyedrometrie
1893	Poincaré, H.	Sur la Généralisation d'un Théorème d'Euler relatif aux Polyèdres
1895	Poincaré, H.	Analysis situs

Offenbar war Eulers Fund eines Beweises nicht das Ende aller Betrachtungen zum Polyedersatz, sondern erst der Anfang einer umfangreichen Geschichte weiterer Untersuchungen. Aber was ist der Inhalt dieser Arbeiten? Zum einen findet man eine Reihe neuer Beweise, die den Polyedersatz jeweils in andere Teilgebiete der Mathematik einordnen. Zum anderen beobachtet man eine stetige Weiterentwicklung des Polyederbegriffs. Daraus ergeben sich immer wieder Möglichkeiten den Polyedersatz in verschiedene Richtungen zu verallgemeinern. Der Polyedersatz und der Polyederbegriff entwickelten sich also parallel und bedingten gegenseitig ihre Weiterentwicklung.

Imre Lakatos, der an den Gesetzmäßigkeiten mathematischen Entdeckens interessiert war, versuchte, wiederkehrende Verhaltensmuster in den oben aufgeführten Arbeiten zu entdecken. Die gefundenen Verhaltensweisen stellt er in

„Beweise und Widerlegungen" anhand einer fiktiven Entwicklungsgeschichte des Polyedersatzes dar, und fügt die ihm am fruchtbarsten erscheinenden Vorgehensweisen zu einer Heuristik, der *Methode des Beweisens und Widerlegens*, zusammen. In der Einleitung seiner Arbeit schreibt er:

> „Ihr bescheidenes Ziel ist es herauszuarbeiten, daß inhaltliche, quasi-empirische Mathematik nicht durch die andauernde Vermehrung der Zahl unbezweifelbar begründeter Sätze wächst, sondern durch die unaufhörliche Verbesserung von Vermutungen durch Spekulation und Kritik, durch die Logik der Beweise und Widerlegungen."

Wo es der Entfaltung dieser Methode dient, weicht Lakatos in seiner Darstellung bereitwillig von der wahren Geschichte des Polyedersatzes ab. Beispielsweise wählt er nicht den Beweis von Euler, sondern den Beweis von Cauchy als Ausgangspunkt seiner Erzählung. Teun Koetsier schreibt in „Lakatos' Philosophy of Mathematics, A Historical Approach" zu dieser Problematik:

> „The deviations from the chronology are numerous. But there is more. Lakatos compresses a development, which lasted for over a hundred years, into a dialogue that could take place, in principle, in a few days. This leads to an interpretation of the primary sources which is anachronistic in the sense that, from a historiographical point of view, the context from which the historical material is drawn is taken insufficiently into account. I have previously given several instances where this happens, but the main problem in this respect is that the account in "Proofs and Refutations" represents and tries to combine two contradicting methodological attitudes. It is to a certain extent based upon the critical methodology that came to dominate mathematics in the course of the 19th century. It is also based upon a less critical methodology that quickly presents generalizations and speculations as theorems in a way which is alien to the critical methodology. The dramatic effect is caused by the combination of those two contradictory elements. It is possible to rewrite the dialogue and to replace all bold generalizations by conjectures in the sense in which this word is usually now used in mathematics. *The dramatic effect is then immediately gone and we are left with an essay in heuristics. This is actually the most fruitful way to read Lakatos's reconstruction of the history of Euler's theorem. One should forget about the actual history.* "Proofs and Refutations" must be seen as a rational construction that illustrates the rationality of mathematics on the micro level. As a rational construction it is convincing mainly because it shows recognizable mathematical behaviour, but it is considerably less convincing in its relation with history."[3]

Lakatos spricht in seinem Werk tiefe philosophische Fragen an. So wird z.B. diskutiert, ob mathematische Theorien falsifizierbar sind oder ob man schließlich zu unumstößlichen Wahrheiten gelangt. Für das Erlernen von Mathematik er-

---

[3] Koetsier, T. (1991), S. 42-43.

scheint diese Frage nicht relevant. Daher wollen wir Koetsiers Ratschlag folgen und "Beweise und Widerlegungen", fernab aller darin angesprochenen philosophischen und historischen Fragestellungen, als einen Aufsatz in mathematischer Heuristik auffassen.

Aus didaktischer Sicht stellt Lakatos mit seiner Methode des Beweisens und Widerlegens der Polyaschen Heuristik zum Problemlösen eine Heuristik zur Begriffsentwicklung zur Seite. Polya beschreibt das Verhalten eines einzelnen Mathematikers, der nach der Lösung eines Problems oder einer Aufgabe sucht. Lakatos' Heuristik bezieht sich dagegen auf einen längerfristigen Prozess, an dem mehrere Mathematiker beteiligt sind und in der die Veränderung grundlegender Begriffe eine zentrale Rolle spielt. Wir werden nun Lakatos' Methode der Beweise und Widerlegungen am Beispiel des Eulerschen Polyedersatzes vorstellen. Danach werden wir fragen, ob Lakatos damit die wesentlichen Mechanismen mathematischer Entwicklung aufgedeckt hat, oder ob es noch Erweiterungen seiner Heuristik bedarf. Wir werden feststellen, dass man schon anhand des von ihm untersuchten Fallbeispiels, der Geschichte des Eulerschen Polyedersatzes, die Unvollständigkeit seiner Heuristik aufzeigen kann.

Die Methode der „Beweise und Widerlegungen"

Beweisanalyse und Begriffsdehnen

Ausgangspunkt der Methode ist die Entscheidung, einen Beweis nicht als unumstößlichen Garanten für die Wahrheit einer Behauptung zu sehen, sondern schlicht als ein „Gedankenexperiment – oder ‚Quasi-Experiment' –, das eine Zerlegung der ursprünglichen Vermutung in Teilvermutungen oder Hilfssätze anregt und es dadurch in einen möglicherweise ganz entfernten Wissensbereich einbettet."[4] Der Beweis von Cauchy führt die ursprüngliche Vermutung beispielsweise auf die folgenden drei Lemmata zurück:

Zunächst sorgen wir durch das Einzeichnen zusätzlicher Diagonalen dafür, dass alle Seitenflächen des Polyeders Dreiecke sind.

1. Lemma: (Triangulations-Hilfssatz) Jede zusätzliche Diagonale erhöht sowohl die Kantenzahl als auch die Flächenzahl um 1, sodass $E - K + F$ dabei unverändert bleibt.

---

[4] Lakatos, I. (1979), S. 4.

Nun stellen wir uns das Polyeder hohl und mit einer Oberfläche aus dünnem Gummi vor.

2. Lemma: (Ausbreitungs-Hilfssatz) „Wenn wir eine der Flächen aufschneiden, können wir die restliche Oberfläche flach auf der Tafel ausbreiten, ohne sie zu zerreißen. Die Flächen und Kanten werden zwar verformt, die Kanten können gebogen werden, aber E, K und F werden sich nicht ändern, so daß $E - K + F = 2$ für das ursprüngliche Polyeder genau dann gilt, wenn $E - K + F = 1$ für das ebene Netzwerk gilt".[5]

3. Lemma: (Nummerierungs-Hilfssatz) „Die Dreiecke in unserem Netzwerk können so nummeriert werden, daß sich bei der Entfernung in dieser Reihenfolge $E - K + F$" nach der Entfernung des ersten Dreiecks „nicht mehr ändert, bis wir das letzte Dreieck erreichen".[6]

„Diese durch den Beweis angeregte Zerlegung der Vermutung eröffnet eine neue Reihe von Überprüfungsmöglichkeiten. Die Zerlegung entfaltet die Vermutung auf einer breiteren Front, so daß unsere Kritik bessere Ziele hat. Wir haben jetzt mindestens drei Angriffspunkte für Gegenbeispiele anstatt einem einzigen".[7] Ziel ist es also eines der Lemmata zu widerlegen. Die bewusste Suche nach Gegenbeispielen führt zu „neuen" Objekten, die man in erster Instanz vielleicht nicht zu den Polyedern gezählt hätte. Da wir aber unsere Vermutung verwerfen wollen, dehnen wir unseren Polyederbegriff aus, sodass dieser die neu gefundenen Objekte umfasst und akzeptieren diese als legitime Gegenbeispiele unserer Vermutung. Lakatos unterscheidet nun verschiedene Arten von Gegenbeispielen. Er nennt ein Gegenbeispiel *lokal*, wenn es eines der im Beweis vorkommenden Teilvermutungen verwirft, d.h. in unserem Fall, wenn es mindestens einem der drei Lemmata widerspricht. Ein Gegenbeispiel heißt *global* wenn es die Gesamtvermutung verwirft, d.h. in unserem Fall, wenn für das Polyeder gilt: $E - K + F \neq 2$.

Die erste Regel der Methode lautet:

1. Regel: „Wenn Du eine Vermutung hast, dann versuche, sie zu beweisen und zu widerlegen. Untersuche den Beweis sorgfältig und stelle eine Liste von nicht-trivialen Hilfssätzen auf (Beweisanalyse); finde Gegenbeispiele so-

---

[5] Lakatos, I. (1979), S. 2.
[6] Lakatos, I. (1979), S. 7.
[7] Lakatos, I. (1979), S. 5.

wohl zu der Vermutung (globale Gegenbeispiele) als auch zu den verdächtigen Hilfssätzen (lokale Gegenbeispiele)".[8]

Die übrigen Regeln der Methode raten uns, wie wir auf die verschiedenen Arten von Gegenbeispielen reagieren sollten. Wir illustrieren diese Regeln anhand von konkreten Gegenbeispielen der jeweiligen Art.

Lokales und globales Gegenbeispiel

Wir betrachten das Polyeder in nachfolgender Abbildung. Lakatos nennt es den *Bilderrahmen*. Wir könnten es bei einem Angriff auf das 2. Lemma entdeckt haben, denn es widerspricht diesem: Man kann den Bilderrahmen nicht in der Ebene ausbreiten, nachdem man eine Fläche entfernt hat, jedenfalls nicht ohne dass dabei verschiedene Flächenstücke übereinander liegen. Also ist der Bilderrahmen ein lokales Gegenbeispiel. Gleichzeitig ist er aber auch ein globales Gegenbeispiel, denn er besteht aus *16* Ecken, *32* Kanten und *16* Flächen, sodass gilt: $E - K + F = 0$.

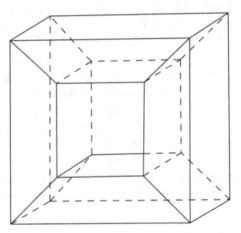

Bilderrahmen

Es gibt nun zwei natürliche ad hoc Reaktionen mit denen man Gegenbeispielen dieser Art begegnet, die *Monstersperre* und die *Ausnahmesperre*. Bei der Monstersperre sagen wir, dass es sich bei dem Bilderrahmen gar nicht um ein „echtes" Polyeder handelt, da es bei echten Polyedern z.B. durch jeden Punkt des Rau-

---

[8] Lakatos, I. (1979), S. 43.

mes mindestens eine Ebene gibt, „deren Durchschnitt mit dem Polyeder aus einem einzigen Polygon besteht".[9] Der Bilderrahmen hat diese Eigenschaft nicht, ist also gar kein Polyeder, sondern ein *Monster*. Es ist also gar kein Gegenbeispiel. Bei der Ausnahmesperre akzeptieren wir den Bilderrahmen als legitimes Gegenbeispiel und schränken den Gültigkeitsbereich auf eine kleinere Klasse von Polyedern, aus welcher der Bilderrahmen herausfällt, ein. Beispielsweise könnten wir unsere Vermutung auf die konvexen Polyeder einschränken. Beide Reaktionen missachten den schon gefundenen „Beweis". Lakatos erscheint es fruchtbarer, stärker auf das schon vorhandene Wissen zurückzugreifen.

Seine 2. Regel lautet wie folgt:

2. Regel: „Hast Du ein globales Gegenbeispiel gefunden, so gib Deine Vermutung auf, füge Deiner Beweisanalyse einen geeigneten Hilfssatz hinzu, der von ihm widerlegt wird, und ersetze die alte Vermutung durch eine verbesserte, die diesen Hilfssatz als Bedingung enthält. Laß es nie zu, eine Widerlegung als Monster abzuweisen".[10]

Das in der 2. Regel formulierte Vorgehen bezeichnet Lakatos als Methode der *Hilfssatz-Einverleibung*. Auf den Bilderrahmen reagieren wir nun folgendermaßen: Wir bezeichnen ein Polyeder als *einfach*, wenn es nach Wegnahme einer Seitenfläche ohne Überlappungen in der Ebene ausgebreitet werden kann. Dann schränken wir unsere Vermutung auf die Klasse der einfachen Polyeder ein. Im Gegensatz zur Ausnahmesperre sind wir bei der Hilfssatzeinverleibung nicht blind zurückgerudert, sondern nur so weit wie es aufgrund des Beweises notwendig war. Um angemessen reagieren zu können, haben wir einen neuen Begriff eingeführt, den des einfachen Polyeders. Begriffe, die so im Rahmen der Hilfssatzeinverleibung entstehen, bezeichnet Lakatos als *beweiserzeugte Begriffe*.

Der Begriff des einfachen Polyeders hat sich also aus der Zusammenschau des Bilderrahmens und des Beweises von Cauchy ergeben. Was passiert, wenn wir den Bilderrahmen dem Beweis von von Staudt entgegenhalten? Als schuldiges Lemma identifizieren wir die Behauptung, dass jeder Schnitt entlang eines geschlossenen Weges aus Kanten das Polyeder in zwei Teile zerteilt. Dann geben wir den Polyedern, die diese Eigenschaft in Gegensatz zum Bilderrahmen erfüllen einen Namen. Wir bezeichnen sie als einfach-zusammenhängende Polyeder. Schließlich beschränken wir unsere Vermutung auf diese Klasse von

---

[9] Lakatos, I. (1979). S. 14.
[10] Lakatos, I. (1979). S. 43.

Polyedern. Auch der Beweis von von Staudt hat also einen neuen Begriff erzeugt, aber einen anderen, wenngleich verwandten, als der Beweis von Cauchy.

Zur Illustration der 2. Regel betrachten wir noch ein zweites lokales und
globales Gegenbeispiel (siehe nachfolgende Abbildung). Lakatos bezeichnet
dieses Polyeder als den *Würfel mit Haube*. Er ist ein einfaches Polyeder, aber
aufgrund der ringförmigen Fläche bildet er ein Gegenbeispiel zum 1. Lemma:
Wir können eine zusätzliche Diagonale hinzufügen, ohne dabei eine zusätzliche
Fläche zu erhalten. Der Würfel mit Haube ist zudem ein globales Gegenbeispiel,
denn es gilt:

$$E - K + F = 16 - 24 + 11 = 3.$$

Wir schränken daher unsere Vermutung auf die Polyeder ein, für die das 1.
Lemma gilt. Dazu bezeichnen wir ein Polygon als *einfach-zusammenhängend*,
wiederum ein beweiserzeugter Begriff, wenn es beim Schnitt entlang jeder seiner
Diagonalen in zwei Teile zerfällt. Unsere verbesserte Vermutung lautet dann:
Für ein einfaches Polyeder mit lauter einfach-zusammenhängenden Flächen gilt:

$$E - K + F = 2.$$

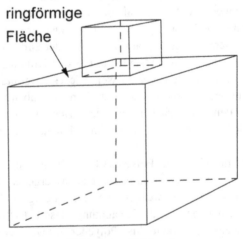

ringförmige
Fläche

Würfel mit Haube

Der Würfel mit Haube wurde erstmals von L'Huilier in einer 1811 erschienenen
Arbeit als „Ausnahme" zum Eulerschen Polyedersatz betrachtet. L'Huilier kann
das Polyeder freilich nicht bei einem Angriff auf das 1. Lemma des Beweises

von Cauchy gefunden haben. Koetsier, der in „Lakatos' Philosophy of Mathematics, A Historical Approach" einen kurzen Abriss der „wahren" Geschichte des Eulerschen Polyedersatzes gibt, vermutet, dass L'Huilier, den Würfel mit Haube bei der Analyse seines eigenen Beweises gefunden hat.[11] L'Huiliers Beweis beruht auf einer zuvor von Euler erwägten, aber verworfenen Überlegung, die jedoch im Falle konvexer Polyeder nutzbar gemacht werden kann:

> „Es werde nun irgendein Punkt innerhalb des Körpers angenommen; wenn von dort zu den einzelnen Raumwinkeln gezogene gerade Linien angenommen würden, würde der Körper auf diese Weise in ebenso viele Pyramiden geteilt, wie es Seitenflächen gibt, welche ja die einzelnen Basen der Pyramiden darstellen, während ihre Spitzen in jenem Punkt vereint sind. Und ferner werden diese Pyramiden, wenn sie nicht dreieckig sind, leicht in dreieckige aufgeschnitten. Es ist wahr, dass diese Art, beliebige Körper in dreieckige Pyramiden aufzulösen, für das gegenwärtige Vorhaben wenig nützt; also stelle ich hier eine andere Art vor, auf welche jeder beliebige Körper durch fortgesetztes Entfernen seiner Raumwinkel endlich auf die dreieckige Pyramide zurückgeführt wird, woraus anschließend der Beweis der denkwürdigen Aussagen leicht zusammengefügt wird".[12]

Euler bemerkt also, dass (konvexe) Polyeder durch die Wahl eines inneren Punktes in dreieckige Pyramiden (Tetraeder) zerlegt werden können. L'Huilier verwandelt diese Vorlage in einen Beweis. Dazu bemerkt er, dass aufgrund der Zerlegung offenbar jedes konvexe Polyeder aus einem Tetraeder durch schrittweises Hinzufügen weiterer Tetraeder gebaut werden kann und dass währenddessen die Zahl $E - K + F$ konstant bleibt.

Nachdem der Beweis geführt ist, stellt L'Huilier fest, dass für die Gültigkeit seines Beweises, beim Hinzufügen von Tetraedern die zu verklebenden Seitenflächen genau aufeinander passen müssen. Er hebt also eines der (anzugreifenden) Lemmata seines Beweises explizit hervor. Schließlich fährt er mit der Angabe einiger Gegenbeispiele, die allesamt das herausgestellte Lemma verwerfen, und zu denen auch der Würfel mit Haube gehört, fort.

Lokales und nicht-globales Gegenbeispiel

Das nächste Gegenbeispiel, das wir betrachten wollen (siehe nachfolgende Abbildung), ist eine Kombination der beiden vorigen Gegenbeispiele, ein Bilderrahmen mit zwei ringförmigen Flächen vorne und hinten. Das Polyeder widerspricht damit dem 1. und dem 2. Lemma. Also ist es ein lokales Gegenbeispiel,

---

[11] Vgl. Koetsier, T. (1991), S. 33-34.
[12] Euler, L. (1751), S. 2.

jedenfalls zur ursprünglichen noch nicht verbesserten Vermutung. Das Polyeder ist „*Eulersch*", d.h. es gilt: $E - K + F = 2$. Es ist also kein globales Gegenbeispiel. Aus logischer Sicht liegt gar kein Problem vor. Das Gegenbeispiel weist aber auf die Beschränktheit des Anwendungsbereiches unseres Beweises hin: Es gibt offenbar Polyeder die unserer Vermutung genügen, deren Eulersch sein unser Beweis jedoch nicht erklären kann.

Lakatos rät in einer solchen Situation Folgendes:

3. Regel: „Hast Du ein lokales Gegenbeispiel, dann prüfe, ob es nicht auch ein globales Gegenbeispiel ist. Wenn ja, wende die 2. Regel an".[13]

4. Regel: „Hast Du ein lokales aber nicht globales Gegenbeispiel, so versuche Deine Beweisanalyse zu verbessern, indem Du den widerlegten Hilfssatz durch einen noch nicht als falsch erwiesenen ersetzt".[14]

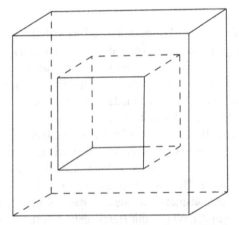

Bilderrahmen mit ringförmigen Flächen

Die beiden zu ersetzenden Hilfssätze haben wir schon identifiziert. Aber wodurch ersetzen wir sie? In manchen Fällen reicht ein leichtes Abändern der Hilfssätze aus, um den Anwendungsbereich des Beweises genügend zu vergrößern und so das Gegenbeispiel in ein Beispiel zu verwandeln. In unserer Situation

---

[13] Lakatos, I. (1979), S. 43.
[14] Lakatos, I. (1979), S. 52.

scheint aber eine radikalere Umsetzung der 2. Regel notwendig zu sein: „die Ersetzung des Hilfssatzes – oder vielleicht sämtlicher Hilfssätze – nicht allein in dem Versuch, auch noch den letzten Tropfen an Gehalt aus dem gegebenen Beweis herauszuquetschen, sondern möglicherweise mit der Erfindung eines völlig anderen, umfassenderen, *tiefer liegenden* Beweises".[15] Ohne eine gute neue Idee ist dieser Ratschlag nur schwer zu befolgen.[16] Die relevanten Einsichten erhalten wir aber wohl nur, wenn wir auch nicht-Eulersche Polyeder in unsere Betrachtungen mit einbeziehen, und z.B. versuchen zu klären, für welche Polyeder $E - K + F = 0$ gilt. Ohne die Situation weiter aufzulösen, fahren wir mit der nächsten Art von Gegenbeispielen, den ‚nicht-lokalen und nicht-globalen' Gegenbeispielen, fort. Diese haben bei Lakatos keinen separaten Namen und fallen bei ihm vermutlich in die soeben betrachtete Klasse der ‚lokalen und nicht-globalen' Gegenbeispiele.

Nicht-lokales und nicht-globales Gegenbeispiel

Bei unserem nächsten Gegenbeipiel handelt es sich um den Fußball.

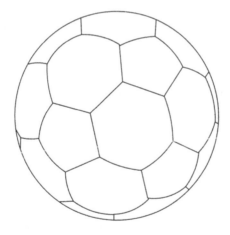

Fußball

---

[15] Lakatos, I. (1979), S. 53.
[16] Corfield schreibt diesbezüglich in „Towards a Philosophy of Real Mathematics": "One of the students, Omega, then goes on to point out that there are two ways this rule may be implemented. [...] The second way is to invent 'a completely different, more embracing, deeper, proof'. This is sound advice to be sure, but hardly helpful. One would expect a 'logic of discovery' to offer us a little more by way of insight as to how to find such a proof." (Corfield, D. (2003), S. 160).

Aber ein Fußball ist doch gar kein Polyeder. Schließlich wird er nicht durch ebene Seitenflächen begrenzt. Wir können jedoch alle Begriffe, die beim Polyedersatz bisher eine Rolle spielten, leicht auf den Fußball ausdehnen: Die Lappen des Fußballs sind dessen Seitenflächen, die Nähte sind seine Kanten, und wo drei Lappen zusammentreffen, haben wir jeweils eine Ecke. Der Fußball besteht dann aus *12* (sphärischen) Fünfecken und *20* (sphärischen) Sechsecken, insgesamt also aus *32* Flächen. Weiter zählen wir *60* Ecken und *90* Kanten, sodass gilt: $E - K + F = 2$. Damit ist der Fußball kein globales Gegenbeispiel. Als nächstes überprüfen wir die drei Lemmata und stellen fest, dass der Fußball diese ebenfalls erfüllt. Er ist also auch kein lokales Gegenbeispiel. Eigentlich ist er also gar kein Gegenbeispiel; jedenfalls verwirft er weder die Gesamtvermutung noch eine der Teilvermutungen. Der Fußball ist ein ordentliches Beispiel, das im Gegensatz zum ‚Bilderrahmen mit ringförmigen Flächen' sogar von unserem Beweis erklärt werden kann. Wir haben uns dennoch dazu entschieden, von einem Gegenbeispiel zu sprechen, da das Beispiel auf einen zu eng formulierten Anwendungsbereich des Beweises hinweist, und damit eine Kritik darstellt. Wir können diese Kritik beheben, indem wir in umgekehrter Weise als bei den ‚lokalen und globalen' Gegenbeispielen vorgehen: Wir reagieren durch eine ‚*Hilfssatz-Ausverleibung*'.[17] Wir müssen unser „0. Lemma", welches besagt, dass es sich bei den in Betracht kommenden Objekten um Polyeder handeln muss, in geeigneter

---

[17] Diese Begriffsbildung wurde von Ladislav Kvasz in „Lakatos' methodology between logic and dialectic" vorgeschlagen: „That means, that there are other patterns of mathematical behaviour, which were omitted in Lakatos's reconstruction. One such recognizable pattern can be found in Koetsier's book. [...] We suggest calling this method *lemma-exclusion* and to consider it as a counterpart to Lakatos's lemma incorporation. [...] we have two possible reactions on the appearance of a counterexample. The one is to ignore the counterexamples as monsters, the other is to consider them as exceptions and restrict the theorem to the safe ground. Nevertheless the monster-barrer states the theorem more generally than it really holds. On the other side the exception-barrer restricts the theorem often too strongly (for instance BETA in *Proofs and Refutations* p. 28 restricted Euler's theorem to convex polyhedra, [...]. After some time these first reactions are overcome. The monster-barring method is followed by lemma-incorporation, where the aim of having the theorem as general as possible is still preserved, but the counterexamples are no more ignored. On the other hand the exception-barring method is followed by lemma-exclusion [...], where the aim of being all the time on safe ground is preserved, but the too strong restrictions of the domain of the theorem are weakened step by step." (Kvasz, L. (2002), S. 215-216) Das betrachtete Verhaltensmuster ist für Lakatos eine spezielle Anwendung der 4. Regel: „Du hast recht, Omega, und Du hast mich auch zu einem besseren Verständnis der ‚Methode der besten Ausnahmensperrer' geführt. Sie beginnen mit einer vorsichtigen, ‚sicheren' Beweisanalyse, und durch planmäßiges Anwenden der *4. Regel* bauen sie schrittweise den Satz auf, ohne einen Fehler zu begehen. Schließlich ist es eine Frage des Temperamentes, ob man sich der Wahrheit auf dem Weg über stets falsche Übertreibungen oder über stets wahre Untertreibungen nähert." (Lakatos, I. (1979), S. 52) Lakatos hat das betrachtete Verhaltensmuster also sehr wohl erkannt. Es hat bei ihm jedoch noch keinen griffigen Namen.

Weise abschwächen. Dadurch erhalten wir wieder eine verbesserte Vermutung: Für eine einfache Fläche mit einem polygonalen Netz, das aus lauter einfach-zusammenhängenden Polygonen besteht, gilt: $E - K + F = 2$.

Nicht-lokales und globales Gegenbeispiel

Nachdem wir gesehen haben, dass der Polyedersatz auch ‚Polyeder' mit ‚gebogenen' Seitenflächen umfasst, wollen wir den Satz nun mit einem Zylinder konfrontieren.

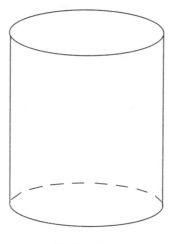

Zylinder

Ein Zylinder besitzt drei Seitenflächen, zwei Grundflächen und eine Mantelfläche. Er hat keine Ecken, jedoch zwei Kanten, die beiden Kreise, an denen jeweils eine Grundfläche mit der Mantelfläche zusammentrifft. Daher gilt: $E - K + F = 1$. Wir haben es mit einem globalen Gegenbeispiel zu tun. Also muss der Zylinder auch einen der Hilfssätze verwerfen. Das tut er aber nicht. Alle drei Lemmata sind erfüllt. Das 1. Lemma ist sogar schon aus allein logischen Gründen erfüllt: Aufgrund des ‚Mangels' an Ecken können wir gar keine Diagonalen einziehen, sodass wir deren Auswirkungen auch nicht überprüfen müssen. Alle drei Flächen des Zylinders sind daher als einfach-zusammenhängend zu bezeichnen. Wo verbirgt sich der Fehler? Es bleibt uns nichts anderes übrig, als den Beweis noch einmal sorgfältig von Beginn an zu durchlaufen: Als erstes sorgen wir durch das Hinzufügen von zusätzlichen Diagonalen künstlich dafür, dass unser Polyeder aus lauter Dreiecken besteht. Schon haben wir das Problem entdeckt, denn der Zylinder lässt sich nicht durch alleiniges Hinzufügen von Kanten in Dreiecke zerlegen. Die Situation ist jetzt klar. Der Zylinder verwirft einen Hilfssatz, den wir beim Erstellen unserer Liste von Hilfssätzen übersehen haben, vermutlich, weil er uns nicht angreifbar erschien.

Lakatos redet dabei von einem ‚versteckten Hilfssatz' und rät:

2. Regel (Zusatz): Formuliere sämtliche ‚versteckten Hilfssätze' ausdrück-lich".[18]

Wir folgen diesem Ratschlag und bezeichnen dazu ein polygonales Netz auf einer Fläche als *triangulierbar*, wenn man es durch alleiniges Hinzufügen zu-sätzlicher Kanten in lauter Dreiecke zerlegen kann. Der ehemals versteckte Hilfssatz lautet dann wie folgt: Jedes polygonale Netz auf einer Fläche ist trian-gulierbar. Durch ‚Einverleibung' des Hilfssatzes erhalten wir wieder eine ver-besserte Vermutung: Für eine einfache Fläche mit einem triangulierbaren poly-gonalen Netz, das aus lauter einfach-zusammenhängenden Polygonen besteht, gilt:

$$E - K + F = 2.$$

Heuristisches Gegenbeispiel

Wir kommen nun zur letzten Kategorie von Gegenbeispielen. Darin sind alle Gegenbeispiele enthalten, die aus dem Anwendungsbereich des Gedankenexpe-riments herausfallen. Diese Kategorie umfasst daher alle außer den ‚nicht-lokalen und nicht-globalen' Gegenbeispielen. Sie heißen *heuristische* Gegenbei-spiele, da sie uns auffordern, das Gedankenexperiment in umfassender Weise zu erweitern oder nach einem völlig neuen allgemeineren Beweis zu suchen. Eine Möglichkeit solch einen allgemeineren Beweis zu finden, sieht Lakatos im de-duktiven Mutmaßen. Als Beispiel zeigt er, wie man mit deduktivem Mutmaßen gleichzeitig entdecken und erklären kann, dass für ‚n-sphärische' Polyeder gilt:

$$E - K + F = 2 - 2 (n - 1).[19]$$

[18] Lakatos, I. (1979), S. 43.
[19] Vgl. Lakatos, I. (1979). S. 69-71.

Als letzte Regel seiner Methode formuliert er:

5. Regel: „Hast Du Gegenbeispiele, gleich welcher Art, dann versuche durch deduktives Mutmaßen einen tieferliegenden Satz zu finden, zu dem sie nicht länger Gegenbeispiele sind".[20]

Wir fassen unsere Darstellung der Methode der ‚Beweise und Widerlegungen' in folgendem Schema zusammen:

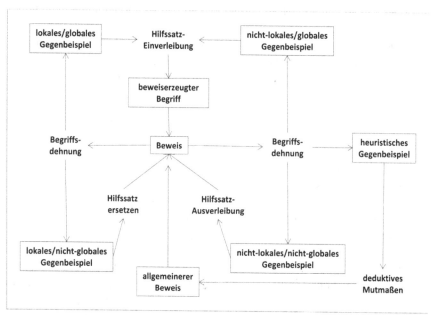

Im ersten Kapitel „Entdeckungsgeschichten" haben wir das Erraten der Polyederformel und das Erraten von Beweisen der Formel thematisiert. Induktions- und Analogieschlüsse spielten dabei eine wesentliche Rolle. Begriffsbildung fand dagegen nur in sehr begrenztem Maße statt. Die Frage nach dem genauen Anwendungsbereich eines gefundenen Beweises läutet daraufhin aber eine Phase mit größeren Begriffsbildungsanteilen ein. Die Suche nach der Trennlinie zwischen den Beispielen und den Gegenbeispielen führt zu einer genaueren sprachlichen Abgrenzung von Begriffen, zum Bedürfnis nach expliziten Definitionen, zu einem Ausloten der Interpretationsmöglichkeiten von Begriffen und insgesamt schließlich zu neuen beweiserzeugten Begriffen. Mit dem Eulerschen Poly-

---

[20] Lakatos, I. (1979), S. 69.

edersatz verfügen wir also über einen mathematischen Kontext, in dem über einen gewissen Zeitraum eine Entwicklung von Begriffen zu beobachten ist, die dank Lakatos auf nachvollziehbare Weise dargestellt werden kann.

Mit Blick auf den Unterricht sei noch bemerkt, dass die von uns ausgewählten Gegenbeispiele, der Bilderrahmen, der Würfel mit Haube und der Würfel mit ringförmigen Flächen, mit Polydron gebaut werden können. Lakatos konfrontiert den Beweis von Cauchy noch mit einigen weiteren Gegenbeispielen, für die das nicht der Fall ist. Zum einen betrachtet er Polyeder, die Kanten besitzen, an denen mehr als zwei Flächen zusammenstoßen. Zum anderen betrachtet er Gegenbeispiele, die auf der Vorstellung von Polyedern als Festkörper basieren. Der Einsatz von Polydron, der einerseits die Behandlung des Beweises von Cauchy unterstützt, steht andererseits der Betrachtung dieser Gegenbesipiele im Wege.

2.1.2 Die Kluft zwischen dem ersten und zweiten Teil des Dialogs

Lakatos erzählt in „Beweise und Widerlegungen" seine fiktive Geschichte des Eulerschen Polyedersatzes in Form eines Dialogs zwischen einem Lehrer und einer Gruppe von Schülern. Dadurch soll die „Dialektik der Ereignisse"[21] besser zum Ausdruck kommen. Die Schüler, die sowohl in mathematischen, als auch in philosophischen Fragestellungen sehr bewandert sind, erfüllen im Dialog unterschiedliche Rollen mit jeweils eigenen Standpunkten. Diese Rollen sind jedoch nicht starr, sondern entwickeln sich während des Dialogs. Der zunächst widerlegungsfreudige Schüler Alpha, alle Schüler tragen griechische Buchstaben als Namen, wird später zum Dogmatiker und glaubt endgültige Sicherheit erlangen zu können. Bei Delta ist es umgekehrt. Er beginnt als Monstersperrer. Später findet er Gefallen an den Monstern. Beta übernimmt zu Beginn die Rolle des Ausnahmesperrers und Induktivisten. Später wird er zum Deduktivisten. Rho versucht Gegenbeispiele durch „Monsteranpassung" in Beispiele umzuwandeln. Zeta tritt für das deduktive Mutmaßen ein und Epsilon spielt die Rolle des über jeden Zweifel erhabenen Formalisten.

Der Dialog besteht aus zwei Teilen, bzw. aus zwei aufeinanderfolgenden Schulstunden. Im ersten Teil wird die von uns zusammengefasste Methode der „Beweise und Widerlegungen" schrittweise von den Schülern erarbeitet. Zu Beginn suchen die Schüler nach der Trennlinie zwischen den Polyedern, deren Zahl $E - K + F$, die wir im Folgenden als *Eulercharakteristik* des Polyeders

---

[21] Lakatos, I. (1979), S. XII.

bezeichnen wollen, gleich *2* ist und den Polyedern deren Eulercharakteristik von *2* verschieden ist. Sie möchten also die Eulerschen von den nicht-Eulerschen Polyedern unterscheiden können, ohne dazu die Eulercharakteristik der Polyeder bestimmen zu müssen. Nachdem dies nicht vollständig gelingen mag, gehen sie dazu über, allgemeiner, die Eulercharakteristik aller Polyeder erklären zu wollen. Sie folgen damit bewusst einem Ratschlag aus Polyas „Schule des Denkens":

> „Eine Reihe von Fragen kann leichter zu beantworten sein als gerade nur eine. Der umfassendere Lehrsatz kann leichter zu beweisen, die allgemeinere Aufgabe leichter zu lösen sein".[22]

Durch ein Gedankenexperiment, das der Schüler Rho mit dem Bilderrahmen durchführt, kommt die Gruppe zu der Einsicht, dass ein „Tunnel" die Eulercharakteristik um *2* senkt[23]. Ein Polyeder mit *n* „Tunneln" hat dann eine Eulercharakteristik von *2 – 2n*. Kurz darauf sind dann auch die Auswirkungen der ringförmigen Flächen geklärt. Jede solche Fläche erhöht die Eulercharakteristik um *1*. Thematisiert werden auch die beiden nachfolgend abgebildeten Polyeder:

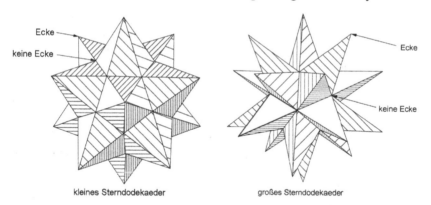

kleines Sterndodekaeder   großes Sterndodekaeder

Das kleine Sterndodekaeder (links) haben wir schon in Kapitel 1 kennengelernt. Es besteht aus *12* Pentagrammen, von denen jeweils *5* an einer Ecke zusammenstoßen. Daher gilt:

$$E = (12 \cdot 5) / 5 = 12, \quad K = (12 \cdot 5) / 2 = 30 \quad \text{und} \quad F = 12.$$

---

[22] Polya, G. (1949), Schule des Denkens, S. 170.
[23] Das hier nur erwähnte ‚Rhosche' Gedankenexperiment werden wird später ausführlicher untersuchen. Es handelt sich dabei um den Beweis aus R. Hoppes Artikel „Ergänzung des Eulerschen Satzes von den Polyedern" (Hoppe, R. (1879), S. 102).

Also gilt:

$$E - K + F = -6.$$

Das große Sterndodekaeder (rechts) besteht, wie der Name schon sagt, ebenfalls aus 12 Pentagrammen. Es stoßen jedoch nur jeweils 3 davon an einer Ecke zusammen. Daher gilt:

$$E = (12 \cdot 5) / 3 = 20, \quad K = (12 \cdot 5) / 2 = 30 \quad \text{und} \quad F = 12.$$

Also gilt:

$$E - K + F = 2.$$

Das große Sterndodekaeder ist damit Eulersch. Das kleine Sterndodekaeder ist es nicht. Der Grund dafür bleibt jedoch zunächst ungeklärt. Die Schüler stellen sich vielmehr die Frage, ob es überhaupt einen Beweis geben kann, der sowohl die Eulercharakteristik der gewöhnlichen Polyeder, die keine Selbstdurchschneidungen besitzen, als auch die der Sternpolyeder erklären kann. Delta bezweifelt das:

> „Ich habe inzwischen Gefallen an Sternpolyedern gefunden: sie sind bezaubernd. Aber ich fürchte, sie sind grundsätzlich verschieden von den gewöhnlichen Polyedern. Deswegen kann man sich unmöglich einen Beweis ausdenken, der den Euler-Charakter von, sagen wir, dem Würfel und dem ‚großen Sterndodekaeder' durch eine einzige Idee erklärt".[24]

Der Schüler Epsilon kündigt einen solchen Beweis an und darf diesen dann schließlich in der zweiten Stunde präsentieren.[25] Es handelt sich um einen Beweis von Henri Poincaré aus seiner „Analysis situs". Epsilon hat den Poincaréschen Beweis allerdings in ein moderneres sprachliches Gewand gekleidet. Nachdem der Beweis geführt ist, diskutieren die Schüler, ob damit die endgültige Trennlinie zwischen Eulerschen und nicht-Eulerschen Polyedern gefunden ist.

Der zweite Teil des Dialogs greift also die im ersten Teil offen gebliebenen Fragen auf. Dennoch klafft in zweierlei Hinsicht eine Lücke zwischen den beiden Teilen. Zum einen kann man zwischen den beiden Teilen einen Bruch in der *Form* der Sprache, mit Hilfe derer die mathematischen Inhalte kommuniziert werden, erkennen. Zum anderen hat sich der *Stil* der Darstellung geändert. Die beiden Phänomene hängen allerdings miteinander zusammen. Wir beschreiben zunächst die Kluft in der Form der Sprache. Danach gehen wir auf den Bruch im Darstellungsstil ein.

---

[24] Lakatos, I. (1979), S. 56.
[25] Vgl. Lakatos, I. (1979), S. 58.

Im ersten Teil des Dialogs findet neben dem Beweis von Cauchy, der in großer Ausführlichkeit untersucht wird, auch noch ein Beweis von Gergonne kurze Erwähnung. Zudem wird ein Beweis von Hoppe präsentiert, der den Polyedersatz auch auf mehrfach zusammenhängende Flächen ausweitet. Wir zitieren nun, die für uns relevanten Passagen aus den drei Beweisen und achten dabei nicht auf den Inhalt, sondern ausschließlich auf die verwendete Form der Sprache. Einige entscheidende Wörter haben wir hervorgehoben.

Eine Passage aus dem Beweis von „Cauchy":

„Stellen wir uns das Polyeder **hohl** und mit einer **Oberfläche** aus dünnem **Gummi** vor. Wenn wir eine der Flächen **aufschneiden**, können wir die restliche Oberfläche flach auf der Tafel **ausbreiten**, ohne sie zu **zerreißen**. Die Flächen und Kanten werden zwar verformt, die Kanten können gebogen werden, aber E, K, und F werden sich nicht ändern, so daß $E - K + F = 2$ für das ursprüngliche Polyeder genau dann gilt, wenn $E - K + F = 1$ für das ebene Netzwerk gilt. Beachtet dabei, daß wir eine Fläche entfernt haben. [...] Jetzt zerlegen wir unsere **Karte** – tatsächlich sieht das Gebilde wie eine geografische Karte aus – in Dreiecke".[26]

Eine Passage aus dem Beweis von „Gergonne":

„Stellen wir uns das Polyeder **hohl** vor mit einer Oberfläche aus **steifem Material**, sagen wir **Karton**. Die Kanten müssen auf der Innenseite deutlich **angestrichen** sein. Das Innere möge **wohlerleuchtet** sein, und eine Fläche soll als **Linse** einer gewöhnlichen **Kamera** ausgebildet sein – eine Fläche, von der aus man einen **Schnappschuß** machen kann, der sämtliche Kanten und Ecken zeigt".[27]

Eine Passage aus dem Beweis von „Hoppe":

„Das Polyeder möge aus einem **Stoff** sein, der sich leicht **schneiden** läßt, etwa weicher **Ton**, und ein **Faden** werde durch den **Tunnel** gesteckt und dann durch den Ton **gezogen**. Er wird nicht zerfallen".[28]

Zur Gegenüberstellung folgt nun aus dem zweiten Teil des Dialogs eine kurze Passage des Beweises von „Poincaré":

„Nun ist es offenkundig, daß die **Zykelräume** mit den Räumen der **berandenden Zykel** genau dann übereinstimmen, wenn ihre **Dimensionszahlen** übereinstimmen, d.h. genau dann, wenn die Zahl der unabhängigen Lösungen des **Gleichungssystems** (1) aus den N_{k-1} **homogenen linearen Gleichungen** gleich ist der Zahl der **unabhän-**

---

[26] Lakatos, I. (1979), S. 2.
[27] Lakatos, I. (1979), S. 53.
[28] Lakatos, I. (1979), S. 71.

gigen Lösungen des Gleichungssystems (2) aus inhomogenen linearen Gleichungen".[29]

Im ersten Teil des Dialogs verwendet Lakatos in seinen Beweisen Begriffe, die auch in der „Alltagswelt" eine Bedeutung haben: Gummi, Karton, Ton, Faden, Karte, Kamera, Tunnel, Aufschneiden, Ausbreiten, Zerreißen, Anstreichen. Die untersuchten Polyeder sind konkrete physikalische Objekte oder zumindest als solche vorstellbar. Lediglich die Sternpolyeder haben kein physikalisches Referenzobjekt, jedenfalls keines, das ohne die Selbstüberschneidungen auskommt. Mit ihnen werden allerdings auch keine Operationen durchgeführt.

Im zweiten Teil des Dialogs werden wir dann mit mathematischen Begriffen einer mathematischen Theorie, der der linearen Algebra, konfrontiert. Der Polyederbegriff, der im ersten Teil auf der Anschauung fußte, hat sich im zweiten Teil von der Anschauung gelöst. Ein Polyeder ist im zweiten Teil nichts weiter als eine Menge bestehend aus drei Mengen, deren Elemente als Ecken, Kanten und Flächen bezeichnet werden, sowie einer Tabelle, die darüber Auskunft gibt, welche Ecken zu welchen Kanten, und welche Kanten zu welchen Flächen gehören. Ein Tetraeder sieht im zweiten Teil beispielsweise wie folgt aus:

η^0	A	B	C	D
the empty set	1	1	1	1

η^1	AD	BD	CD	BC	AC	AB
A	1	0	0	0	1	1
B	0	1	0	1	0	1
C	0	0	1	1	1	0
D	1	1	1	0	0	0

η^2	BCD	ACD	ABD	ABC
AD	0	1	1	0
BD	1	0	1	0
CD	1	1	0	0
BC	1	0	0	1
AC	0	1	0	1
AB	0	0	1	1

---

[29] Lakatos, I. (1979), S. 109.

$$\eta^3 \quad ABCD$$

BCD	1
ACD	1
ABD	1
ABC	1

Polyeder sind hier also abstrakte kombinatorische Objekte. Bezeichnet man die Form der Sprache im ersten Teil als geometrisch und anschaulich, so ist sie im zweiten Teil algebraisch und abstrakt.[30]

Wir kommen nun zum Bruch im Stil der Darstellung. Lakatos selbst unterscheidet zwischen zwei Stilarten bei der Darstellung von Mathematik, dem *heuristischen* und dem *deduktivistischen Stil*. Den letzteren charakterisiert er wie folgt:

„Die Euklidische Methodenlehre hat einen gewissen verbindlichen Darstellungsstil entwickelt. Ich werde ihn den ‚deduktivistischen Stil‘ nennen. Dieser Stil beginnt mit einer sorgfältig zusammengestellten Liste von *Axiomen, Hilfssätzen* und/oder *Definitionen*. Die Axiome und Definitionen erscheinen häufig gekünstelt und geheimnisvoll verwickelt. Niemals wird mitgeteilt, wie diese Verwicklungen zustande kamen. Der Liste der Axiome und Definitionen folgen in sorgfältiger Wortwahl die *Sätze*. Diese

---

[30] Es drängt sich an dieser Stelle auch die Freudenthalsche Unterscheidung zwischen „*mentalen Objekten*" und mathematischen Begriffen auf: „Cautious researchers now admit that concepts are preceded by something less formal, by initiations, preconcepts, or whatever they call it, which in the long run means that the proper goal is still that of teaching concepts. In my view, the primordial and – in most cases for most people – the final goal of teaching and learning is *mental objects*. I particularly like this term because it can be extrapolated to a term that describes how these objects are handled, namely, by *mental operations*." (Freudenthal, H. (1991), S. 19). Lakatos argumentiert im ersten Teil des Dialogs also im Wesentlichen mit mentalen Objekten und im zweiten Teil mit mathematischen Begriffen. Die unvermeidliche Vagheit und die Veränderbarkeit mentaler Objekte ermöglicht das Dehnen der Begriffe und garantiert so das Fortschreiten der Methode der „Beweise und Widerlegungen".

Bei E.Ch. Wittmann finden wir Anstelle der mentalen Objekte die „*generischen Darstellungen*": „Zwischen der realen Welt und der Begriffswelt der Mathematik steht, [...] vermittelnd die „Quasi-Realität" der experimentell zugänglichen Darstellungen mathematischer Objekte. Diese Darstellungen wirken somit nach zwei Richtungen. Sie sind Verkörperungen mathematischer Begriffe und gleichzeitig Bausteine für mathematische Modelle realer Situationen. Vom phänomenologischen Standpunkt aus betrachtet kommt also der Quasi-Realität der Darstellungen fundamentale Bedeutung für Erkenntnis- und Lernprozesse zu. Diese Darstellungen müssen daher im Unterricht vorrangig entwickelt werden." (Wittmann, E.Ch. (2001), S. 240). Der erste Teil von Lakatos Buch ist also aus didaktischer Sicht nicht nur aufgrund der darin stattfindenden „Begriffsbildung" wertvoll, sondern auch aufgrund seines durchgehend inhaltlich-anschaulichen und quasi-empirischen Charakters. Es sei bemerkt, dass in der gesamten vorliegenden Arbeit „nur" auf inhaltlich-anschaulicher Ebene argumentiert wird.

sind beladen mit umständlichen Bedingungen; es erscheint unmöglich, daß irgendjemand sie jemals erraten hat. Dem Satz folgt der *Beweis*".[31]

Dagegen legt man beim heuristischen Stil großen Wert darauf die Herkunft der verwendeten Axiome, Hilfssätze und Definitionen zu erklären. Lakatos, der sich speziell um das Aufdecken von beweiserzeugten Begriffen bemüht, schreibt hierzu:

> „Wie bereits erwähnt reißt der deduktivistische Stil die beweiserzeugten Definitionen von ihren ‚Beweis-Vorfahren' fort und stellt sie aufs Geratewohl vor, in einer gekünstelten und autoritären Weise. Er verbirgt die globalen Gegenbeispiele, die zu ihrer Entdeckung führten. Im Gegensatz dazu leuchtet der heuristische Stil diese Umstände deutlich aus. Er betont die Problemlage mit Nachdruck: er betont mit Nachdruck die ‚Logik' die der Geburtshelfer des neuen Begriffes war".[32]

Schon aus den vorigen Zitaten ist deutlich erkennbar, dass Lakatos den heuristischen Stil bevorzugt. Der Vollständigkeit halber, zitieren wir hier noch das folgende Plädoyer für den heuristischen Stil:

> „Einige schöpferische Mathematiker, die sich nicht von Logikern, Philosophen oder anderen Spinnern ins Handwerk pfuschen lassen wollen, pflegen zu sagen, daß die Einführung eines heuristischen Stiles ein Neuschreiben der Lehrbücher erfordern würde, wodurch sie so umfangreich werden würden, daß kein Mensch sie jemals zuende lesen könnte. Auch Einzelarbeiten würden sehr viel länger. Unsere Antwort auf dieses langweilige Argument ist: Versuchen wir's doch!"[33]

Wir können nun die beiden Stilarten den beiden Teilen des Lakatosschen Dialogs zuordnen. Im ersten Teil geht Lakatos im Wesentlichen heuristisch vor. Er stellt die Begriffe „einfaches Polyeder" und „einfach-zusammenhängende Fläche" als beweiserzeugte Begriffe dar, und er zeigt eine Möglichkeit den Beweis von Cauchy durch deduktives Mutmaßen zu entdecken. Im zweiten Teil des Dialogs folgt Lakatos dann plötzlich dem von ihm verschrienen deduktivistischen Stil. Anders als im ersten Teil finden wir hier „handfeste" Definitionen, die dem Beweis vorangestellt sind:

> „Der Rand eines *k*-Polytopes ist die Summe aller *(k-1)*-Polytope, die laut den Inzidenz-Matrizen zu ihm gehören. Eine Summe von *k*-Polytopen werde ich eine *k*-Kette nennen. [...] Ich definiere den Rand einer *k*-Kette als die Summe der *(k-1)*-Polytope, die

---

[31] Lakatos, I. (1979), S. 134.
[32] Lakatos, I. (1979), S. 136.
[33] Lakatos, I. (1979), S. 136.

zu der *k*-Kette gehören, aber anstatt der gewöhnlichen Summe nehme ich die Summe *modulo 2*".[34]

Lakatos konfrontiert uns also mit den „ausgewachsenen" mathematischen Konzepte der Bordanzhomologie. Über deren Herkunft und mögliche Entstehung erfahren wir diesmal nichts. Ladislav Kvasz, der die Kluft zwischen den beiden Teilen des Dialogs ausführlich untersucht hat, fasst den bemerkenswerten Stilbruch wie folgt zusammen:

> „What is striking is the lack of any attempt to connect the two parts of the book. Lakatos, who always stressed the necessity of reconstructing the circumstances in which the new concepts emerged, and criticizes mathematicians – like Hilbert or Rudin – who presented formal definitions without any historical background, suddenly pulls out of the „top-hat" the basic concepts of algebraic topology without the slightest comment, and pretends that everything is all right".[35]

Die Herausgeber von ‚Beweise und Widerlegungen' John Worrall und Elie Zahar schreiben in ihrer Einleitung zum zweiten Teil des Dialogs:

> „Das Euklidische Programm besteht in dem Versuch, die Mathematik mit unbezweifelbar wahren Axiomen auszustatten, die in vollkommen klaren Ausdrücken formuliert sind. Der Anwalt dieses Programms ist Epsilon. Seine Philosophie wird herausgefordert, aber der Lehrer bemerkt, daß die offenkundigste und direkteste Herausforderung Epsilons darin besteht, von ihm einen Beweis der Descartes-Euler-Vermutung zu verlangen, der Euklidischen Maßstäben genügt. Epsilon nimmt die Herausforderung an".[36]

Lakatos' Stilbruch ist also plausibel, wenn man bedenkt, dass es ihm im zweiten Teil nicht um den weiteren Ausbau seiner Methode geht, sondern um die Frage, ob das Begriffsdehnen jemals zum Stillstand kommt, sodass man zu einem endgültigen Beweis gelangen kann. Es stellt sich allerdings die Frage, ob Lakatos den Stilbruch überhaupt hätte vermeiden können. Kann man, indem man die offenen Fragen am Ende des ersten Teils aufgreift, im heuristischen Stile zum Poincaréschen Beweis gelangen? Kann man also eine Brücke vom ersten zum zweiten Teil des Dialogs schlagen? Wir befassen uns mit dieser Frage im nächsten Teilkapitel 2.2.

---

[34] Lakatos, I. (1979), S. 104.
[35] Kvasz, L. (2008), S. 246.
[36] Lakatos, I. (1979), S. 98.

2.2   Notwendigkeit der Kluft

„Unsinn! Wie kannst Du es wagen, himmlische und irdische Erscheinungen unter einen gemeinsamen Hut zu bringen? Das eine hat mit dem anderen nicht das geringste
zu tun! Natürlich kann beides durch Beweise erklärt werden, aber ich erwarte gewiß,
daß diese Erklärungen vollständig verschieden sein werden! Ich kann mir keinen Beweis vorstellen, der den Weg eines Planeten am Himmel und eines Geschosses auf der
Erde mit einer einzigen Idee erklärt!"[37]

2.2.1 Verallgemeinern durch Reformulieren

Am Ende der ersten Stunde bleibt aus mathematischer Sicht die Frage offen, ob
es einen Beweis gibt, der gleichzeitig das Eulersch-Sein eines Würfels und das
Eulersch-Sein des großen Sterndodekaeders erklären kann. Als Antwort auf
diese Frage wird in der zweiten Stunde der Poincarésche Beweis präsentiert. Aus
der Anwendbarkeit dieses Beweises auf das große Sterndodekaeder sollte jedoch
nicht voreilig geschlossen werden, dass Poincaré diesen neuen Beweis beim
Studium der Sternpolyeder gefunden hat. Denn geht es nur darum, die Eulercharakteristiken der Sternpolyeder zu verstehen, so liegt es doch näher zu versuchen,
einen der schon bekannten Beweise auf die Sternpolyeder zu „übertragen". Aus
dem ersten Teil bietet sich hierzu insbesondere der Beweis von Hoppe an. Die
Übertragbarkeit dieses Beweises auf die Sternpolyeder haben die Schüler in
Lakatos' Dialog allerdings nicht erkannt. Offenbar muss der Beweis zunächst für
eine solche Übertragung „zurechtgemacht" werden. Wir zeigen im folgenden
Dialog, der als eine Fortsetzung von Lakatos' erstem Teil aufzufassen ist, wie
dies aussehen könnte.

LEHRER: Gibt es noch Fragen, Probleme, Bemerkungen, Vorschläge oder ande-
    re Dinge?[38]
GAMMA: Ich habe noch eine Frage zu dem Beweis, den Rho in der letzten
    Stunde durch ein Gedankenexperiment gefunden hat. Eine Stelle in dem
    Beweis ist mir noch unklar.
LEHRER: Geht es um den Satz, dass ein Polyeder mit n Tunneln eine Eulercha-
    rakteristik von $2 - 2n$ besitzt?

---

[37] Lakatos, I. (1979), S. 56.
[38] „Zijn er noch vragen, problemen, opmerkingen, suggesties of andere dingen?" Mit diesen Worten
begann der Analytiker R. Kortram regelmäßig seine Vorlesungen.

GAMMA: Ja genau.

LEHRER: Dann schlage ich vor, dass Rho zunächst noch einmal seinen Beweis wiederholt.

RHO: Ausgangspunkt meiner Überlegungen ist der Bilderrahmen. Ich möchte verstehen, warum die Eulercharakteristik des Bilderrahmens *0* anstatt *2* ist. Es muss etwas mit dem Tunnel zu tun haben. Was passiert, wenn man den Tunnel zerstört? Dazu stellen wir uns den Bilderrahmen als einen Festkörper aus weichem Ton vor und ziehen in Gedanken einen Faden durch dessen Tunnel. Dadurch zerfällt der Bilderrahmen aber nicht in zwei Teile, sondern er verwandelt sich in ein einfaches Polyeder, also in ein Polyeder, dass man in eine Kugel verformen kann und dessen Eulercharakteristik dem Beweis von Cauchy zufolge somit *2* beträgt. Der „Schnitt" durch den Tunnel produziert zwei neue Flächen und genauso viele zusätzliche Kanten wie Ecken. Daher muss die Eulercharakteristik des Bilderrahmens zuvor tatsächlich *0* gewesen sein. Danach habe ich das Argument verallgemeinert: Wenn ich anstatt eines Bilderrahmens ein Polyeder mit *n* Tunneln betrachte, so benötige ich *n* Schnitte um das Polyeder in ein einfaches Polyeder zu überführen. Jeder dieser Schnitte erhöht die Charakteristik um *2*. Demnach muss die Charakteristik des Ausgangspolyeders *2 – 2n* betragen.

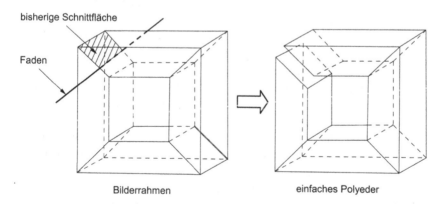

bisherige Schnittfläche

Faden

Bilderrahmen   einfaches Polyeder

GAMMA: Rho behauptet in seinem Beweis, dass es sich bei einem Polyeder ohne Tunnel notwendig um ein einfaches Polyeder handeln muss. Ist diese Aussage unmittelbar klar?[39]

---

[39] Auch bei Lakatos äußert der Schüler Gamma seine Zweifel ohne ein konkretes Gegenbeispiel auf den Tisch legen zu können. (vgl. Lakatos, I. (1979), S. 112).

DELTA: Können wir den Begriff des einfachen Polyeders nicht vermeiden? Er ist mir ein Dorn im Auge.

LEHRER: Warum? Was ist dein Problem mit dem Begriff?

DELTA: Ein Polyeder ist einfach, wenn es sich in eine Kugel verformen lässt. Ok, aber was verstehen wir genau unter diesem „Verformen"? Wir haben zwar eine vage Vorstellung was damit gemeint sein soll, aber reicht die aus, um Gammas Frage adäquat zu beantworten? Wir können natürlich versuchen, den Begriff zu präzisieren und nach einer geeigneten mathematischen Definition suchen, aber das würde uns tief in die Analysis hineinführen. Mir wäre es daher lieber, wenn wir einen Beweis der Aussage, dass tunnellose Polyeder Eulersch sind, finden könnten, der ohne ein stetiges Verformen der Polyeder auskommt.[40]

LEHRER: Du hättest also gerne einen rein kombinatorischen Beweis.

GAMMA: Was verstehen wir eigentlich genau unter einem Tunnel? Beim Bilderrahmen kann ich mir noch etwas darunter vorstellen, aber was ist die genaue Definition? Wo fängt der Tunnel an und wo hört er auf?

RHO: Ein Polyeder hat Tunnel, wenn wir es zerschneiden können, ohne dass es in zwei Stücke zerfällt.

DELTA: Dann müssen wir also die folgende Behauptung beweisen: Ein Polyeder, das durch jeden Schnitt in zwei Teile zerfällt, ist Eulersch.

SIGMA: Wollen wir uns nicht lieber um die Sternpolyeder kümmern? Was die gewöhnlichen Polyeder betrifft, hat der Rhosche Beweis bisher noch keine Schwächen gezeigt. Zumindest haben wir noch keine ernst zu nehmenden globalen Gegenbeispiele gefunden. Ihr versucht also einen Beweis zu sichern, der gar nicht in Gefahr ist. Bei den Sternpolyeder versagt der Rhosche Beweis dagegen auf ganzer Linie. Erinnert ihr euch noch an den Igel (kleines Sterndodekaeder), den wir Gamma zu verdanken haben? Er besteht aus *12* Pentagrammen und hat *12* Ecken und *30* Kanten, sodass seine Eulercharakteristik − *6* ist. Wenn wir das Rhosche Gedankenexperiment mit dem Igel konfrontieren, dann stoßen wir auf die Grenzen des Experiments. Um den Beweis anwenden zu können, müssten wir den Igel aus Ton herstellen können. Zumindest müssten wir sagen können, welche Punkte des

---

[40] Bei Lakatos spielt Delta die Rolle des Monstersperrers. Er verbannt die auftretenden Gegenbeispiele. Nun möchte er komplizierte Begriffe verbannen. Solches Verhalten ist typisch für die sogenannte ‚proliferierende' Phase der Entwicklung einer Disziplin. In der Geschichte der Topologie waren es Dehn und Heegard, die einen rein kombinatorischen Aufbau forderten: „Der Stand der Dinge wurde bei Dehn-Geegard gesichert, geordnet und eine Grundlegung kodifiziert. Dabei mußte klarerweise vieles ausgesondert werden, vor allem fast alle kontinuumstopologischen Ansätze Poincaré's". (Volkert, K. (2002), S. 191).

Raums innerhalb und welche außerhalb des Igels liegen. Aber selbst wenn wir einen Weg finden könnten, dies zu tun, hätten wir ein weiteres Problem: die Tunnel. Hat der Igel Tunnel? Vielleicht sollte ich besser fragen: Gibt es etwas, das wir als Tunnel auffassen könnten? Der Igel hat Eulercharakteristik – 6. Also müsste er Rhos Beweis zufolge 4 Tunnel haben. Wo sollen die sein? Es erscheint hoffnungslos. Rhos Beweis ist mit dem Igel überfordert. Der Anwendungsbereich des Beweises ist zu klein. Das Wesen des Igels ist anders als das der konkreten Tonpolyeder, von denen der Rhosche Beweis handelt. Kleine Veränderungen des Beweises werden uns hier nicht weiterhelfen. Wir sollten den Beweis vergessen und einen völlig neuen Ansatz versuchen.[41]

Igel - kleines Sterndodekaeder

OMEGA: Ob ein Polyeder ein Festkörper aus Ton ist oder nicht, spielt für den Rhoschen Beweis keine wesentliche Rolle. Wir können genauso gut von einer Fläche ausgehen. Dann lautet das Gedankenexperiment eben wie folgt: „Stelle dir vor, der Bilderrahmen sei aus polygonalen Papierflächen aufgebaut, indem man diese entlang ihrer Kanten zusammengeklebt hat. Nimm nun eine Schere und schneide das Polyeder entlang eines geschlossenen Weges aus Kanten, die alle in einer Ebene liegen und um den Tunnel her-

---

[41] Im ersten Teil von Lakatos Dialog erinnerte Sigma die anderen Schüler schon einmal an das Problem der Sternpolyeder und weist auf die Möglichkeit hin, dass es auch einen Beweis geben könnte, der zwar die Eulercharakteristik der Sternpolyeder, nicht aber die der gewöhnlichen Polyeder erklären könnte (vgl. Lakatos, I. (1979), S. 84).

umführen, auf. Das Polyeder wird dadurch nicht auseinanderfallen, aber es bekommt zwei Randkomponenten. Durch den Schnitt sind genauso viele Ecken wie Kanten hinzugekommen. An der Eulercharakteristik hat sich also nichts geändert. Indem wir nun auf beide Ränder eine zusätzliche Fläche kleben, erhalten wir wieder ein geschlossenes Polyeder, und zwar eines, welches einfach ist, sodass dessen Eulercharakteristik gleich 2 ist. Benötigt man mehrere, sagen wir n solcher Schnitte, um das Polyeder in ein einfaches zu überführen, so hat das ursprüngliche Polyeder $2 - 2n$ als Eulercharakteristik." Die Wörter Ton und Faden kommen in der neuen Formulierung des Gedankenexperiments nicht mehr vor. Papier und Schere haben nun deren Platz eingenommen.

SIGMA: Aber damit ist uns doch nicht geholfen. Die Sternpolyeder lassen sich weder aus Ton noch aus Papier herstellen. Das Papier kann sich ja nicht selbst durchdringen.

OMEGA: Ich halte meine Reformulierung trotzdem für einen Fortschritt im Hinblick auf die Sternpolyeder, denn ich finde, dass die Sternpolyeder der Vorstellung von Polyedern als Flächen näher sind, als der Vorstellung von Polyedern als Festkörper. Wenn wir beurteilen wollen, ob man die Rhosche Beweisidee auch auf die Sternpolyeder anwenden kann, dann sollten wir dazu die Formulierung des Beweises in Termen von Flächen als Ausgangspunkt nehmen.

GAMMA: Ich habe eine Frage zu deiner Reformulierung des Rhoschen Gedankenexperiments. Ist es wichtig, dass die zu zerschneidenden Kanten in einer Ebene liegen?

OMEGA: Ja, denn ich möchte die beiden dadurch entstehenden „Löcher" ja wieder zukleben und zwar durch ebene Polygone, sodass ich wieder ein geschlossenes Polyeder erhalte.

GAMMA: Aber im Beweis benutzen wir doch gar nicht, dass es sich bei den Seitenflächen des Polyeders um ebene Polygone handelt. Wir könnten genauso gut gekrümmte Polygone, die aus einer Art Gummihaut bestehen, einkleben. Am Ende wird das Polyeder sowieso in eine Kugel verformt, sodass die Polygone verbogen werden.

OMEGA: Stimmt. Wir könnten das Polyeder eigentlich entlang irgendeines nicht zerstückelnden geschlossenen Kantenzuges zerschneiden.

LEHRER: Ich möchte Euch zwei Definitionen geben: Ein Rückkehrschnitt ist ein Schnitt entlang eines geschlossenen Kantenzuges, der das Polyeder nicht in zwei Teile zerstückelt. Ein Polyeder heißt einfach-zusammenhängend, wenn keine Rückkehrschnitte möglich sind. Übrigens ist der Begriff des

einfach-zusammenhängenden Polyeders genauso wie der des einfachen Polyeders ein beweiserzeugter Begriff. Der Begriff des einfachen Polyeders entstand bei der Analyse des Beweises von Cauchy, der Begriff des einfach-zusammenhängenden Polyeders durch die Analyse des Rhoschen Beweises.
GAMMA: Meine Frage ist also, warum einfach-zusammenhängende Polyeder einfach sind. Und Delta sucht nach einem kombinatorischen Beweis für die Behauptung, dass einfach-zusammenhängende Polyeder Eulersch sind.
DELTA: Ich suche doch gar nicht mehr. Ich habe den Beweis inzwischen gefunden. Schauen wir uns dazu ein einfach-zusammenhängendes Polyeder an. Den Würfel. Jeder Schnitt entlang eines geschlossenen Kantenzugs zerstückelt ihn. Aber, was hält ihn denn überhaupt zusammen? Die Kanten natürlich. Aber ich benötige dazu nicht alle Kanten. Schaut, ich habe auf meinen Würfel 7 seiner Kanten markiert. Ich kann sie alle zerschneiden ohne dass das Polyeder auseinanderfällt. Also reichen die übrigen 5 Kanten aus, um den Würfel zusammen zu halten. Andererseits sind sie auch notwendig, denn um F Flächen zu einem Stück zusammen zu fügen, benötigt man mindestens $F - 1$ Kanten. Das ist interessant. Der Würfel besitzt $E - 1$ überflüssige und $F - 1$ essentielle Kanten.[42]

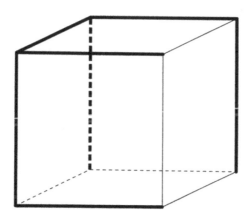

OMEGA: Ich glaube, ich habe einen Tunnel auf dem Igel entdeckt.[43]

---

[42] Ein Fortsetzen dieser Überlegungen führt zum Beweis von von Staudt, der schon im 1. Kapitel thematisiert wurde.
[43] Omega hatte im ersten Teil von Lakatos Dialog angekündigt, dass er einen Beweis finden werde, der sowohl gewöhnliche als auch die Sternpolyeder umfasst. Epsilon kam ihm dann aber zuvor (vgl. Lakatos, I. (1979), S. 56).

GAMMA: Was soll das heißen?

OMEGA: Schaut euch meine Zeichnung des Igels an. Ich habe dessen Ecken durchnummeriert. Wenn ich jetzt die drei Kanten *2-4*, *4-10* und *10–2* zerschneide – diese bilden ja einen geschlossenen Kantenzug – dann ist das Gebilde immer noch zusammenhängend. Ich habe also einen Rückkehrschnitt gefunden.

GAMMA: Ein Tunnel ist also nichts weiteres als ein Rückkehrschnitt.

RHO: Aber es ist gar kein Rückkehrschnitt. Das Polyeder zerfällt bei dem Schnitt in zwei Hälften. Beide Hälften enthalten die Ecken *2*, *4* und *10* da diese ja beim Schneiden verdoppelt werden. Die erste Hälfte enthält ansonsten die Ecken *1*, *5* und *11* und die zweite Hälfte enthält die Ecken *3*, *6*, *7*, *8*, *9* und *12*.

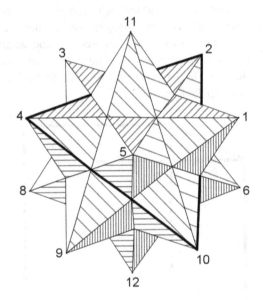

Igel - kleines Sterndodekaeder

OMEGA: Nein, jetzt fasst du den Igel wieder als gewöhnliches Polyeder auf.[44] Aber als Sternpolyeder hat der Igel ganz andere Zusammenhangsverhältnis-

---

[44] Rho hatte den Igel in Lakatos Dialog als ein gewöhnliches Polyeder, das von *60* Dreiecken berandet wird, aufgefasst, und so das Gegenbeispiel in ein Beispiel ‚verwandelt' (vgl. Lakatos, I. (1979), S. 25).

se. Am besten wir machen zunächst eine Liste aller Ecken, Kanten und Flächen des Igels.

Ecken: *1, 2, 3, 4, 5, 6, 7, 8, 9, 10, 11, 12*

Flächen: *2-5-6-11-10, 1-4-10-11-9, 5-3-9-11-8, 4-2-8-11-7, 3-1-7-11-6, 1-3-5-2-4, 6-8-10-7-9, 6-9-1-12-5, 10-8-5-12-4, 9-7-4-12-3, 8-6-3-12-2, 7-10-2-12-1*

Kanten: *2-5, 5-6, 6-11, 10-11, 2-10, 1-4, 4-10, 1-9, 3-5, 3-9, 9-11, 8-11, 5-8, 2-4, 2-8, 7-11, 4-7, 1-3, 1-7, 3-6, 6-8, 8-10, 7-10, 7-9, 6-9, 1-12, 5-12, 4-12, 3-12, 2-12*

Der Igel besitzt also *12* Ecken, *12* Flächen und *30* Kanten. Die Eulercharakteristik ist − *6*. Nun schneide ich entlang der drei Kanten *2-4*, *4-10* und *10−2*. Die drei Ecken *2*, *4* und *10* werden dabei jeweils in zwei Teile geteilt. Die Ecke *2* zerfällt in die Ecken 2_1 und 2_2, die *4* in 4_1 und 4_2 und die *10* teilt sich in 10_1 und 10_2. Die Kanten teilen sich ebenfalls: die Kante *2-4* wird ersetzt durch 2_1-4_1 und 2_2-4_2, die Kante *4-10* teilt sich in 4_1-10_1 und 4_2-10_2 und die Kante *10−2* wir in die Kanten 10_1-2_1 und 10_2-2_2 aufgespalten. Auf jeder Seite des Schnitts entsteht ein Rand. Ein Rand besteht aus den drei Kanten 2_1-4_1, 4_1-10_1 und 10_1-2_1, der andere aus den drei Kanten 2_2-4_2, 4_2-10_2 und 10_2-2_2. Das so entstandene Gebilde hat die folgende Liste von Ecken, Kanten und Flächen:

Ecken: *1, 2_1, 2_2, 3, 4_1, 4_2, 5, 6, 7, 8, 9, 10_1, 10_2, 11, 12*

Flächen: *2_1-5-6-11-10_1, 1-4_1-10_1-11-9, 5-3-9-11-8, 4_2-2_2-8-11-7, 3-1-7-11-6, 1-3-5-2_1-4_1, 6-8-10_2-7-9, 6-9-1-12-5, 10_2-8-5-12-4_2, 9-7-4_2-12-3, 8-6-3-12-2_2, 7-10_2-2_2-12-1*

Kanten: *2_1-5, 5-6, 6-11, 10_1-11, 2_1-10_1, 2_2-10_2, 1-4_1, 4_1-10_1, 4_2-10_2, 1-3-5, 3-9, 9-11, 8-11, 5-8, 2_1-4_1, 2_2-4_2, 2_2-8, 7-11, 4_2-7, 1-3, 1-7, 3-6, 6-8, 8-10_2, 7-10_2, 7-9, 6-9, 1-12, 5-12, 4_2-12, 3-12, 2_2-12*

Das Gebilde ist noch stets zusammenhängend, denn man kann immer noch von jeder Ecke durch einen Weg aus Kanten zu jeder anderen Ecke gelangen. Wir können das mit Hilfe der Liste kontrollieren. Es genügt zu überprüfen, ob wir von der Ecke 2_1 zu dessen Gegenüber 2_2 kommen können. Das ist z.B. auf folgendem Wege möglich: Wir laufen erst von 2_1 nach *5*, von dort nach *12* und von dort schließlich zu 2_2. Die drei dabei durchlaufenen Kanten 2_1-5, 5-12 und 2_2-12 finden wir auch tatsächlich in unserer Liste. Also handelt es sich bei unserem Schnitt um einen Rückkehrschnitt. Wir haben durch den Schnitt 3 zusätzliche Ecken und 3 zusätzliche Kanten erhalten. Die Eulercharakteristik hat sich dadurch also nicht geändert, aber auf beiden Seiten des Schnitts ist ein dreieckiger Rand entstanden. Auf jeden Rand kleben wir nun eine dreieckige Fläche und erhalten so ein Polyeder dessen Charakteristik wegen der beiden zusätzlichen Flächen – 4 beträgt.

SIGMA: Du hast das Rhosche Gedankenexperiment auf die Sternpolyeder übertragen. Ich hätte das nicht für möglich gehalten.

OMEGA: Wir sind doch noch gar nicht fertig. Wir müssen noch 3 weitere Rückkehrschnitte aufspüren und zeigen, dass das schließlich erhaltene Polyeder einfach-zusammenhängend ist.

SIGMA: Ich habe keine Zweifel, dass uns das gelingen wird. Schwierig ist jetzt nur noch die Buchhaltung.

Wir fassen die Ereignisse des Dialogs noch einmal in folgendem Schema zusammen:

---

metaphorische Formulierung des Rhoschen Gedankenexperiments

↓

Reformulierung in Termen von Flächen
(aufgrund der vermeintlich größeren Nähe zu den Sternpolyedern)

↓

Präzisierung des Tunnelbegriffs
als geschlossener nicht-zerstückelnder Kantenzug (Rückkehrschnitt)

↓

Begriff des einfachen Polyeders wird durch den Begriff des einfach-zusammenhängenden Polyeders ersetzt (in Folge des Wunschs nach einem rein kombinatorischen Beweis)

↓

kombinatorische Formulierung des Rhoschen Gedankenexperiments

↓

Übertragung auf Sternpolyeder

Durch eine Reihe kleinerer Veränderungen (*Reformulierungen*[45]) haben wir den Beweis von Hoppe in eine Form gebracht, in der dessen Anwendbarkeit auf die Sternpolyeder erkennbar wurde. So konnten wir die Eulercharakteristiken der Sternpolyeder schon mit den Mitteln erklären, die Lakatos im ersten Teil des Dialogs bereitgestellt hat. Dass die Sternpolyeder uns beim Brückenbau hin zum Poincaréschen Beweis helfen könnten, muss nach diesem schnellen ‚Erfolg' allerdings bezweifelt werden.

2.2.2 Die Sternpolyeder als Tor zur Kombinatorik?

Ein Blick in die Geschichte zeigt, dass Poinsot und Cayley und nicht Poincaré diejenigen waren, die sich um eine Verallgemeinerung der Polyederformel in Bezug auf die Sternpolyeder kümmerten. Sie übertrugen allerdings nicht den Beweis von Hoppe, denn der musste noch *20* weitere Jahre auf seine Endeckung warten, sondern verallgemeinerten den Beweis von Legendre.[46] Die Sternpolyeder waren also kein Grund, neue Werkzeuge, wie die im Poincaréschen Beweis verwendeten, zu entwickeln.

Neben dem „kleinen Sterndodekaeder" und dem „großen Sterndodekaeder", denen wir bereits begegnet sind, gibt es noch zwei weitere regelmäßige, aber „nicht-platonische" Polyeder. Eines davon ist das nachfolgend abgebildete „große Dodekaeder".

Für die Beschreibung des „großen Dodekaeders" ist der Begriff des „Eckensterns" hilfreich: Man betrachte alle Nachbarecken einer Ecke *a* eines Polyeders. Man verbinde zwei dieser Nachbarn, wenn sie auf einer Fläche liegen, die *a* als Ecke hat. Das durch die gezogenen Verbindungen erhaltene Vieleck bezeichnet man als *Eckenstern* der Ecke a.

Das „große Dodekaeder" besteht, im Gegensatz zu den beiden Sterndodekaedern nicht aus Pentagrammen, sondern aus *12* gewöhnlichen Fünfecken, die sich jedoch gegenseitig durchdringen. Die Fünfecke sind so angeordnet, dass

---

[45] Der Begriff „Reformulierungen" wird von Ladislav Kvasz in seinen „Patterns of Change" wie folgt „definiert": [...] the changes that will be analyzed in the present chapter are of a local nature. Usually they are related to a single definition, theorem, proof, or axiom. They happen often and form the content of the everyday work of mathematicians. These changes consist in the reformulation of a problem, a definition, a proposition, or an axiom and therefore I suggest calling them *reformulations.*" (Kvasz, L. (2008), S. 225).

[46] Eine schülergerechte Darstellung des Beweises von Legendre findet man in Richeson, D.S. (2008), S. 87.

jeweils 5 davon an einer Ecke zusammenstoßen und, dass der zugehörige
Eckenstern ein regelmäßiges Pentagramm bildet.

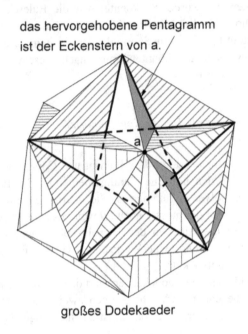

das hervorgehobene Pentagramm
ist der Eckenstern von a.

großes Dodekaeder

Die erwähnte Ausweitung des Beweises von Legendre auf die Sternpolyeder
findet man Cayleys Artikel „On Poinsot's Four New Regular Solids", zu deutsch
„Poinsots vier neue regelmäßige Vielflache". Der Verallgemeinerung des Beweises folgt dann diese bemerkenswerte Passage:

„Bezeichnet man die Ecken und Flächen mit Buchstaben, so sind – wie ich noch be-
merke – die Bezeichnungen für das kleine Sterndodekaeder und das große Dodekaeder
vollkommen identisch; bezeichnet man ihre Ecken mit a, b, c, d, e, f, g, h, i, j, p, q und
ihre Flächen mit A, B, C, D, E, F, G, H, I, J, P, Q, so wird der Zusammenhang der
Ecken und Flächen beider Körper durch die folgenden Tafeln gegeben:

a	b	c	d	e	$= P$	A	C	E	B	D	$= p$
p	b	i	h	e	$= A$	P	I	E	B	H	$= a$
p	c	j	i	a	$= B$	P	J	A	C	I	$= b$
p	d	f	j	b	$= C$	P	F	B	D	J	$= c$
p	e	g	f	c	$= D$	P	G	C	E	F	$= d$

p	a	h	g	d	$=$	E	P	H	D	A	G	$=$	e
j	c	d	g	q	$=$	F	J	D	Q	C	G	$=$	f
f	d	e	h	q	$=$	G	F	E	Q	D	H	$=$	g
g	e	a	i	q	$=$	H	G	A	Q	E	I	$=$	h
h	a	b	j	q	$=$	I	H	B	Q	A	J	$=$	i
i	b	c	f	q	$=$	J	I	C	Q	B	F	$=$	j
f	g	h	i	j	$=$	Q	F	H	J	G	I	$=$	q

Es verdient beachtet zu werden, daß in jeder der beiden Tafeln jedes Paar nicht benachbarter Elemente einer beliebigen fünfgliedrigen Gruppe einmal und nur einmal als ein Paar nicht benachbarter Elemente in einer andern fünfgliedrigen Gruppe vorkommt. Die Beschränkung, daß ein Paar nicht benachbarter Elemente einer Gruppe mit beliebig vielen Gliedern in keiner andern Gruppe weder als Paar benachbarter noch nicht benachbarter Elemente vorkommt, gilt nur für die gewöhnlichen Vielflache, nicht für die hier betrachteten".[47]

In der nachfolgenden Abbildung sind die Ecken und Flächen des „kleinen Sterndodekaeders" und des „großen Dodekaeders" so benannt, dass es den „Tafeln" aus Cayleys Text entspricht.

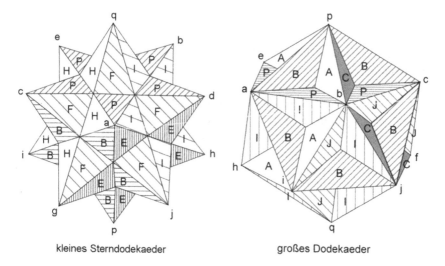

kleines Sterndodekaeder   großes Dodekaeder

---

[47] Cayley, A. (1859), S. 93-94.

Cayley ist offenbar während seines Unternehmens, den Polyedersatz auf die Sternpolyeder auszudehnen, auf die gemeinsame kombinatorische Struktur des „kleinen Sterndodekaders" und des „großen Dodekaeders" gestoßen. Auch beim Übertragen des Beweises von Hoppe auf die Sternpolyeder trat die kombinatorische Struktur der Polyeder in den Vordergrund. Dort kapitulierte unsere Anschauung und wir waren „gezwungen" die Zusammenhangsverhältnisse explizit hinzuschreiben und über diese Buch zu führen. Das Suchen nach Rückkehrschnitten oder das Überprüfen von Eigenschaften wie dem „einfachem-Zusammenhang" war auf der symbolischen Ebene leichter als unter Rückgriff auf die Anschauung, d.h. auf die spezielle „Einbettung" des betrachteten Polyeders im Raum. Wir begannen daher, auf rein symbolischer Ebene zu operieren und zu argumentieren. Die Betrachtung des Eulerschen Polyedersatz im Lichte der Sternpolyeder befördert offenbar die Einführung kombinatorischer Sprachelemente. Das verwundert nicht, schließlich stehen die Sternpolyeder aufgrund ihrer Selbstdurchschneidungen mit dem Raum und also mit unserer Anschauung im Konflikt. Als Reaktion darauf entwickeln wir eine von Raum unabhängige Symbolsprache, die uns als „Ersatzanschauung" dient.

2.2.3 Die Unvollständigkeit der Lakatosschen Heuristik

Im vorigen Abschnitt haben wir erfahren, dass Cayley die Eulercharakteristiken der Sternpolyeder durch eine Verallgemeinerung des Beweises von Legendre schon *36* Jahre vor dem Erscheinen des Beweises von Poincaré erklärt hatte. Algebraische Überlegungen, wie man sie in Poincarés Beweis antrifft, spielen bei Cayley keine Rolle. Hieraus ergeben sich einige Fragen: Welches Ziel verfolgte Poincaré mit seinem Beweis? Gab es an Cayleys Arbeit etwas auszusetzen, oder kannte Poincaré die Arbeit von Cayley möglicherweise gar nicht? Wie lässt sich die Verwendung der algebraischen Begriffe erklären? Die Situation klärt sich bei einem Blick in Poincarés Arbeit:

"We all know the theorem of Euler, according to which, if S, A and F are the numbers of vertices, edges and faces of a convex polyhedron,

$$S - A + F = 2.$$

This theorem has been generalised by M. de Jonquieres to non-convex polyhedra. If a polyhedron forms a closed two-dimensional manifold with Betti number P_1, then we have

$$S - A + F = 3 - P_1.$$

The fact that the faces are planes is evidently of no importance; the theorem applies just as well to curvilinear polyhedra. It also applies to a subdivision of any closed surface into simply connected regions. These regions correspond to the faces of the polyhedron, their boundary lines correspond to the edges, and the extremities of these lines to the vertices. I now propose to generalise these results to an arbitrary space. Suppose then that V is a p-dimensional manifold".[48]

Poincaré beabsichtigte also, den Polyedersatz auf höher-dimensionale Polyeder, insbesondere auf die einfach-zusammenhängenden zu verallgemeinern. Bevor er mit den Erklärungen seiner Resultate beginnt, illustriert er sein Vorgehen zunächst im anschaulicheren zweidimensionalen Fall, d.h. am Eulerschen Polyedersatz, den er ansonsten als schon abgeschlossen betrachtet:

„To assist understanding, I shall begin by explaining the case of an ordinary polyhedron with α_0 vertices, α_1 edges and α_2 faces".[49]

Der Beweis des (zweidimensionalen) Polyedersatzes hat bei Poincaré also nur eine didaktische Funktion. Bei Lakatos löst er das Problem der Sternpolyeder. Bei Poincaré wiederum werden die Sternpolyeder an keiner Stelle explizit erwähnt. Woher stammen dann die algebraischen Begriffe in seinem Beweis? Sie sind offenbar nicht beim Studium der Sternpolyeder entstanden. Die Suche nach dem Ursprung der Begriffe führt uns zu Bernhard Riemann. Bevor wir konkreter werden, verschaffen wir uns eine Skizze des Poincaréschen Beweises.

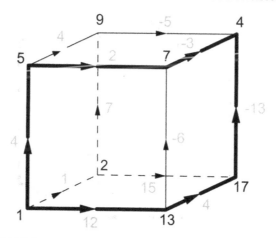

---

[48] Poincaré, H. (1895), S. 61-62.
[49] Poincaré, H. (1895), S. 70.

Dazu betrachten wir den zuvor abgebildeten Würfel. Jeder Ecke des Würfels haben wir auf willkürliche Weise eine ganze Zahl zugeordnet. Jeder Kante haben wir (nach willkürlicher Wahl einer Orientierung) die Differenz δ ihrer Ecken zugeordnet.

Angenommen wir ordnen den Kanten des Würfels in direkter Weise ganze Zahlen zu. Was muss für diese Zahlen gelten, damit wir sie aus einer möglichen Belegung der Ecken durch Differenzbildung entstanden denken können?

Die zu den Kanten des hervorgehobenen geschlossenen Kantenzugs (Zykel) gehörenden Zahlen erfüllen die folgende Gleichung:

$$12 + 4 + (-13) - (-3) - 2 - 4 = 0.$$

Jeder andere Zykel ergibt ebenfalls eine derartige Gleichung. Benennen wir die Ecken des Würfels mit Großbuchstaben und die Belegungen der Kanten mit Kleinbuchstaben wie in nachfolgender Abbildung, dann entspricht dem hervorgehobenen Zykel $ABFGCDA$ (beim Durchlauf gegen den Uhrzeigersinn) also die Relation:

$$a + i + f - j - c - d = 0.$$

Erfüllt eine Belegung der Kanten alle Relationen, die sich aus den Zykeln ergeben, dann können wir die Belegung durch Differenzbildung entstanden denken. Wie viele dieser Relationen sind maximal linear unabhängig? Wir werden diese Anzahl nun auf zwei Weisen bestimmen.

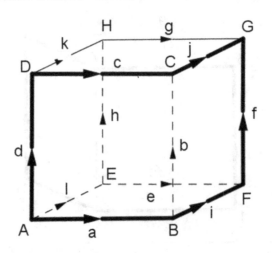

■ Den Zykeln $ABCDA$ und $BFGCB$, die jeweils Rand einer Seitenfläche des Würfels sind, entsprechen die folgenden Relationen:

$$a + b - c - d = 0 \quad \text{und} \quad i + f - j - b = 0.$$

Addiert man diese beiden Relationen, so erhält man die dem Zykel AB-$FGCDA$ entsprechende Relation

$$a + i + f - j - c - d = 0.$$

Im Falle des Würfels kann man allgemeiner jede Relation zwischen den Belegungen der Kanten durch Addition und Subtraktion aus den Relationen, die den Rändern der Seitenflächen des Würfels entsprechen, bilden. In diesem Sinne können wir mit den Rändern der Seitenflächen alle Relationen erzeugen. Es gibt jedoch noch eine Abhängigkeit, denn der Rand einer gewählten Seitenfläche ist gleichzeitig auch Rand der übrigen 5 Seitenflächen. Wir können also zum Beispiel die Relation

$$a + b - c - d = 0$$

als Summe der folgenden 5 Relationen schreiben:

$$a + i - e - l = 0, \qquad b + j - f - i = 0, \qquad -c + k + g - j = 0,$$
$$-d + l + h - k = 0, \qquad f - g - h + e = 0.$$

Bei einem einfach-zusammenhängenden Polyeder wie dem Würfel gibt es folglich $F - 1$ linear unabhängige Relationen. Besitzt das Polyeder dagegen Zykel, die kein Flächenstück des Polyeders beranden, so können die zu diesen Zykeln gehörigen Relationen nicht von den zu den Rändern von Seitenflächen gehörigen Relationen erzeugt werden. Es existieren also in dem Fall noch weitere linear unabhängige Relationen. Bei einem mehrfach-zusammenhängenden Polyeder auf dem es maximal β (nicht notwendig disjunkte) Zykel gibt, die zusammengenommen kein Flächenstück des Polyeders beranden, gibt es $F - 1 + \beta$ linear unabhängige Relationen.

■ Eine Belegung der Ecken können wir als das Ergebnis der Wahl der Belegung nur einer einzigen Ecke sowie der Belegung von den $E - 1$ Kanten eines maximalen Baums im Graphen des Würfels auffassen. Wir betrachten als Beispiel den Würfel in nachfolgender Abbildung.

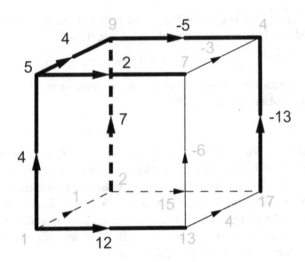

Die Kanten eines maximalen Baums sind hervorgehoben. Die Belegungen der Kanten des Baums sowie einer beliebig gewählten Ecke sind in schwarz angegeben. Daraus ergeben sich für die übrigen Ecken und Kanten die in grau angegebenen Belegungen. Die Differenzen bzw. Belegungen der Kanten, die nicht auf dem Baum liegen, hängen dabei nicht von der Wahl der Belegung der Ecke ab. Sie ergeben sich allein aus der Wahl der Belegungen der $E - 1$ Kanten auf dem Baum. Wir können also genau $E - 1$ der K Kanten frei belegen. Somit gibt es $K - (E - 1)$ linear unabhängige Relationen.

Durch Gleichsetzen der beiden Anzahlen erhalten wir:

$$F + \beta - 1 = K - (E - 1).$$

Umstellen der Gleichung ergibt:

$$E - K + F = 2 - \beta.$$

Die Zahl β, mit Hilfe derer Poincaré die Anzahl der linear unabhängigen Relationen auch im Falle der mehrfach-zusammenhängenden Polyeder auszudrücken weiß, bezeichnet man heute als 1. Betti-zahl. Sie wurde jedoch erstmals von Bernhard Riemann in dessen 1857 erschienenen Abhandlung über die „Theorie der Abel'schen Functionen" eingeführt:

„Wenn in einer Fläche F sich n geschlossene Curven a_1, a_2, ..., a_n ziehen lassen, welche weder für sich noch mit einander einen Theil dieser Fläche F vollständig begrenzen, mit deren Zuziehung aber jede andere geschlossene Curve die vollständige Begrenzung eines Theils der Fläche F bilden kann, so heisst die Fläche eine *(n+1)* fach zusammenhängende."[50]

Riemanns Betrachtung der Betti-zahl steht nicht im Zusammenhang mit dem Eulerschen Polyedersatz, sondern ist durch sein Studium der Integrale holomorpher Differentiale bedingt:

„Es sei eine in der *(x,y)*-Ebene einfach oder mehrfach ausgebreitete Fläche T gegeben und X, Y seien solche stetige Functionen des Orts in dieser Fläche, dass in ihr allenthalben $Xdx + Ydy$ ein vollständiges Differential, also

$$\frac{\partial X}{\partial y} - \frac{\partial Y}{\partial x} = 0$$

ist. Bekanntlich ist dann

$$\int (Xdx + Ydy),$$

um einen Theil der Fläche T positiv oder negativ herum – d.h. durch die ganze Begrenzung entweder allenthalben nach der positiven oder allenthalben nach der negativen Seite gegen die Richtung von Innen nach Aussen – erstreckt, $= 0$, da dies Integral dem über diesem Theil ausgedehnten Flächenintegrale

$$\int (\frac{\partial Y}{\partial x} - \frac{\partial X}{\partial y})dt$$

identisch im ersteren Falle gleich, im zweiten entgegengesetzt ist. Das Integral

$$\int (Xdx + Ydy)$$

---

[50] Riemann (1857), S. 93. Direkt im Anschluss thematisiert Riemann die Wohldefiniertheit der so gegebenen Definition: „Dieser Charakter der Fläche ist unabhängig von der Wahl des Curvensystems a_1, a_2, ..., a_n, da je n andere geschlossene Curven b_1, b_2, ..., b_n, welche zu völliger Begrenzung eines Theils dieser Fläche nicht ausreichen, ebenfalls mit jeder andern geschlossene Curve zusammengenommen einen Theil von F völlig begrenzen. In der That, da b_1 mit Linien a zusammengenommen einen Theil von F vollständig begrenzt, so kann eine dieser Curven a durch $b_1$und die übrigen Curven a ersetzt werden. Es ist daher mit b_1 und diesen $n - 1$ Curven a jede andere Curve, und folglich auch b_2, zu völliger Begrenzung eines Theils von F ausreichend, und es kann eine dieser $n - 1$ Curven a durch b_1, b_2 und die übrigen $n - 2$ Curven a ersetzt werden. Dieses Verfahren kann offenbar, wenn, wie vorausgesetzt, die Curven b zu vollständiger Begrenzung eines Theils von F nicht ausreichen, so lange fortgesetzt werden, bis sämmtliche a durch die b ersetzt worden sind." Riemann nimmt hier also in einem topologischen Kontext das für die lineare Algebra grundlegende Verfahren des Steinitzschen Austauschsatzes vorweg.

hat daher, zwischen zwei festen Punkten auf zwei verschiedenen Wegen erstreckt, denselben Werth, wenn diese beiden Wege zusammengenommen die ganze Begrenzung eines Theils der Fläche T bilden. Wenn also jede im Innern von T in sich zurücklaufende Curve die ganze Begrenzung eines Theils von T bildet, so hat das Integral von einem festen Anfangspunkte bis zu einem und demselben Endpunkte erstreckt immer denselben Werth und ist eine von dem Wege der Integration unabhängige allenthalben in T stetige Function von der Lage des Endpunkts. Dies veranlasst zu einer Unterscheidung der Flächen in einfach zusammenhängende, in welchen jede geschlossene Curve einen Theil der Fläche vollständig begrenzt – wie z. B. ein Kreis –, und mehrfach zusammenhängende, für welche dies nicht stattfindet, – wie z. B. eine durch zwei concentrische Kreise gegrenzte Ringfläche".[51]

Erhard Scholz fasst die Situation in seiner „Geschichte des Mannigfaltigkeitsbegriffs von Riemann bis Poincaré" wie folgt zusammen:

„Da das Integral einer holomorphen Differentialform über sämtliche Kurven eines Systems, das den vollständigen Rand eines Stückes der Fläche bildet, Null ist, richtet sich Riemanns Interesse auf die Beziehungen zwischen Kurvensystemen, die unter dem Gesichtspunkt der Berandung auftreten".[52]

Riemanns Interesse am Berandungsverhaltens von Kurvensystemen und allgemeiner an der Topologie von Flächen ist also offenbar im Kontext der Funktionentheorie entstanden. Erhard Scholz drückt dies in folgenden Worten aus:

„So entwickelt Riemann in seiner Untersuchung über die Abelschen Integrale die methodischen Grundkonzepte der Bordanzhomologie von Flächen und analysiert die Topologie geschossener orientierbarer Flächen in engster Verzahnung mit Problemen und Gesichtspunkten der komplexen Analysis".[53]

Der kurze Ausflug zu Riemann zeigt, dass Poincarés Beweis auf algebraischen Ideen fußt, deren Herkunft außerhalb des Kontextes des Polyedersatzes liegt. Innerhalb des Kontextes des Polyedersatzes konnten wir dagegen keine vergleichbaren algebraischen Überlegungen feststellen. Die Sternpolyeder mögen den Übergang zu einer kombinatorischeren Sprache befördern, Anlass zur Einführung von algebraischen Begriffen geben sie uns jedoch nicht. Sofern wir auf heuristische Weise zum Poincaréschen Beweis gelangen möchten, kommen wir offenbar nicht umhin, einen weiten Umweg über in die Funktionentheorie in Kauf zu nehmen. Der Stilbruch zwischen den beiden Teilen in Lakatos' Buch ist

---

[51] Riemann (1857), S. 92..
[52] Scholz (1980), S. 64.
[53] Scholz (1980), S. 68.

somit, ohne den Kontext des Eulerschen Polyedersatzes zu verlassen, wohl unvermeidbar. Zu diesem Schluss kam auch Ladislav Kvasz in seinen „Patterns of Change". Er begründet dies zum einen ebenfalls damit, dass sich die von Poincaré benutzten Begriffe nicht in der Theorie der Polyeder entwickelt haben, zum anderen aber auch damit, dass Lakatos mit der ‚Methode des Beweisens und Widerlegens' nur kleine Veränderungen rekonstruieren könne, nicht aber solche die, die Form der Sprache in radikaler Weise verändern:

„A relativization – one which had its origin outside the theory which Lakatos was studying – was a rupture, with which his methods of analysis did not enable him to deal. His interpretative tools such as monster-barring or lemma-incorporation failed, because here we are dealing with a change of the whole conceptual basis of geometry and not just with the assumptions of some theorem. Thus, what appeared to be only a mere omission sheds light onto the boundaries of applicability of Lakatos' method of reconstruction. Lakatos' method can only be adopted in cases where the form of language is not changing".[54]

Tatsächlich treten in der Geschichte des Eulerschen Polyedersatzes, in der Lakatos nach wiederkehrenden Verhaltensmustern von Mathematikern sucht, zunächst kaum sprachliche Veränderungen auf. Einzig die Sternpolyeder hätten Lakatos die Möglichkeit geboten seine Heuristik auch in einer Situation, die zu sprachlichen Veränderungen auffordert, zu testen und wohlmöglich entscheidend zu erweitern. Vielleicht hat Lakatos das Potenzial der Sternpolyeder in dieser Hinsicht unterschätzt. Ein Ausbau der Lakatosschen Heuristik bleibt aber unvollständig so lange nur Entwicklungen innerhalb eines Kontextes untersucht werden, denn einige der interessantesten mathematischen Tätigkeiten ergeben sich erst bei der Zusammenschau mehrerer Kontexte: Das Suchen nach Analogien und einer gemeinsamen Struktur zwischen den Kontexten, das Übertragen von Ideen aus einem Kontext in einen anderen oder gar das Verpflanzen von ganzen Theorien in einen anderen Kontext. Tätigkeiten dieser Art treffen wir bei Lakatos zwangsläufig nicht an.

Auch in der Schule haben innermathematische kontextübergreifende Betrachtungen einen Seltenheitswert, obwohl sie, wie gesagt, eine wichtige Rolle für die Entwicklung von Mathematik spielen. Wir werden daher im folgenden Kapitel zeigen, wie der Eulersche Polyedersatz kontextübergreifende Betrachtungen auch auf viel elementarere Weise als beim Poincaréschen Beweis der Fall ermöglicht. Dazu werden wir dem klassischen Kontext der Polyeder zwei weite-

---

[54] Kvasz, L. (2008), S. 246.

re Kontexte, in denen der Polyedersatz entdeckt werden kann, zur Seite stellen. Besonders das Erkennen und Herausarbeiten der gemeinsamen Struktur dieser Kontexte erscheint als ein realistisches Unterrichtsziel.besonders plausibel, wenn man Polyeder aus einem Netz entstanden denkt.

3 Der Polyedersatz in drei verschiedenen Kontexten

„Ein weiteres wichtiges Moment der Vereinheitlichung ist die immer neue Entdeckung zwischen ganz verschiedenen Gebieten. Fast immer bedeutet eine solche Entdeckung ein tieferes Verstehen und den Beginn einer neuen, fruchtbaren Entwicklung".[1]

3.1 Separate Beschreibung der Kontexte

„Every researcher, every producer of mathematics will readily admit that mathematics is an activity – his private activity, the product of which may or may not be published. Indeed, any author is entitled to have his privacy respected. Moreover, why should he annoy the public with the tale of the production process as it took place? Indeed, the author should not lead the reader of his work along all the wrong trails and into the blind alleys explored by him and eventually abandoned. But would it not contribute to the reader's understanding if he were allowed to watch the process leading to the result as it would have taken place if the author had somehow suspected all along what he finally came to know for sure?"[2]

3.1.1 Das Schokoladenproblem – der heimliche Hauptsatz

Wir haben den Eulerschen Polyedersatz in dieser Arbeit bisher nur in einem einzigen Kontext kennengelernt, nämlich dem Kontext, indem er zuerst entdeckt und nachdem er folglich auch benannt wurde, dem Kontext der Polyeder. Die dem Satz und spezieller dem von Staudtschen Beweis zugrunde liegende Struktur lässt sich aber auch in anderen Kontexten entdecken. Wir werden zwei solche Kontexte vorstellen. Dabei werden wir mehrfach, sei es in anderen Einkleidungen, auf die folgende Situation treffen.

Das Schokoladenproblem

Wir betrachten die nachfolgend abgebildete Tafel Schokolade. Sie besteht aus 4x6 (zusammenhängenden) Stücken. Wir möchten sie in 24 lose Stücke brechen.

---

[1] Brieskorn, E. (1974), S. 259.
[2] Freudenthal, H. (1991), .14-15.

Eine Möglichkeit wäre, die Tafel zunächst dreimal der Länge nach zu brechen. Dann hätten wir vier 1x6 Riegel und müssten diese noch jeweils fünfmal brechen um ausschließlich lose Stücke zu erhalten. Insgesamt hätten wir dann *3 + 4 · 5*, d.h. *23*-mal gebrochen.

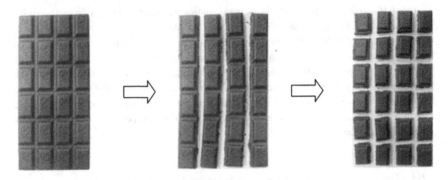

- Frage: Geht es auch schneller, also mit weniger als *23* Brechungen?

- Antwort: Nein, und es geht auch nicht langsamer. Man benötigt immer genau 23 Brechungen um die Tafel in *24* lose Stücke zu zerlegen.

- Begründung: Bei jedem Bruch zerfällt ein zuvor zusammenhängender Teil in zwei separate Teile. Die Anzahl der separaten Teile erhöht sich daher bei jedem Bruch um genau *1*. Wir müssen somit genau 23-mal brechen um auf *24* separate Teile zu kommen.

Die hier gegebene Begründung, dürfte uns bekannt vorkommen. Wir haben sie schon bei unserer Darstellung des von Staudtschen Beweises verwendet. Anstatt eine Tafel Schokolade in lose Stücke zu brechen, haben wir dort ein Polyedernetz in lose Polygone zerschnitten und dann wie beim Schokoladenproblem gefolgert, dass die Anzahl der inneren Kanten eines Polyedernetzes um *1* kleiner als die Anzahl der Flächen des Netzes ist. Daraus wiederum folgte für Polyeder, die aus einem Netz gebastelt wurden, unmittelbar die Formel:

gefaltete Kanten = Flächen − 1.[3]

Dann zeigten wir, dass die geklebten Kanten im Falle eines einfach-zusammenhängenden Polyeders einen maximalen Baum im Graphen des Polyeders bilden
und schlossen

geklebte Kanten = Ecken − 1,

da die Anzahl der Ecken eines Baums um *1* größer ist als die Anzahl seiner Kanten. Diese Eigenschaft von Bäumen können wir wieder in analoger Weise zum
Schokoladenproblem begründen: Zu Beginn besteht der Baum aus einer einzigen
zusammenhängenden Komponente. Dann entfernen wir schrittweise die Kanten
des Baums. Bei jedem Schritt zerfällt eine bis dahin zusammenhängende Komponente des Graphen in zwei Stücke, sodass sich die Anzahl der Komponenten
durch die Wegnahme genau um *1* erhöht. Zum Schluss sind nur noch die Ecken
übrig, sodass wir genauso viele Komponenten wie Ecken haben.

Der von Staudtsche Beweis beruht somit, salopp formuliert, auf einer zwei-
maligen Anwendung des Schokoladenproblems.

3.1.2 Brussels sprouts – Begriffsbildung und Problemlösen simultan

Viele Problemlöseaufgaben aus dem Bereich der Euklidischen Geometrie können wir mit einem Puzzlespiel vergleichen[4]. Die zur Lösung benötigten Werkzeuge, wie z.B. Kongruenzsätze, Ähnlichkeit, Umfangswinkelsatz, Innenwinkelsumme, pons asinorum, Pythagoras oder Ceva, stehen wie die Puzzleteile bei
einem Puzzel zum Einsatz bereit, d.h. der Problemlöser ist schon mit ihnen vertraut. Die Kunst besteht nun darin, die richtigen Puzzleteile auszuwählen und
passend zusammenzusetzen. Der gewonnene Satz mit der zugehörigen merkens-
werten Beweisfigur kann dann dem Puzzel als weiteres Teil hinzugefügt werden.
Neue Begriffe werden während des Problemlösens bei dieser Art von Problemen
eher selten geschaffen.

---

[3] Hierbei ist mit *gefaltete Kanten* die Anzahl der gefalteten Kanten des Polyeders gemeint. Das
gleiche gilt für die *Flächen*.
[4] Dieser Vergleich ist während einer Unterhaltung mit Ysette Weiss-Pidstrygach entstanden.

Wir stellen nun ein von John H. Conway erfundenes topologisches Spiel vor, dass den Namen *Brussels sprouts* (Rosenkohl) trägt. Das Spiel wirft Fragen auf, zu deren Klärung wir während des Problemlöseprozesses neue Begriffe einführen werden. Die Begriffe stehen also noch nicht vorab zur Verfügung, sondern ihre Entstehung wird erst durch den eingeschlagenen Lösungsweg veranlasst.

Die Spielregeln

Brussels sprouts ist ein Spiel „für zwei Personen, für das man nur einen Stift und ein Zeichenblatt benötigt. Zu Beginn des Spiels befindet sich eine beliebige Anzahl von Kreuzen auf dem Zeichenblatt. Jedes Kreuz besitzt *4* freie Arme. Nun ziehen die Spieler abwechselnd. Ein Zug besteht darin zwei freie Arme durch eine Kurve zu verbinden und irgendwo entlang der Kurve einen Strich zu setzen, sodass auf beiden Seiten der Kurve wieder ein freier Arm entsteht".[5] Die nachfolgende Abbildung zeigt einen möglichen ersten Zug für den Fall, dass wir mit *3* Kreuzen beginnen.

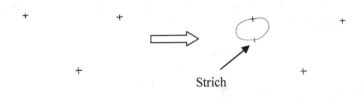

---

[5] Berendonk, S. (2011), S. 88.

Die bei einem Zug zu zeichnende Kurve darf weder sich selbst noch andere durch frühere Züge bestehende Kurven schneiden. Die nachfolgende Situation ist somit ausgeschlossen.

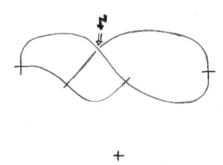

Es verliert der Spieler, der zuerst keinen Zug mehr durchführen kann. Sofern der Leser noch nicht mit dem Spiel vertraut ist, sollte er vor dem Weiterlesen zunächst eine Weile spielen. Trifft man auf überraschende Phänomene?

Beobachtungen

SCHÜLER: Wenn wir mit 3 Kreuzen beginnen, dann gewinnt bei uns immer der Spieler, der anfängt.

LEHRER: Aber muss es denn überhaupt immer einen Gewinner geben, oder könnte das Spiel auch endlos dauern?

SCHÜLER: Theoretisch kann das Spiel immer weitergehen, denn die Anzahl der freien Arme bleibt ja gleich. Es gehen zwei Arme weg, aber es kommen ja auch wieder zwei neue hinzu. Aber in der Praxis passiert das nie, denn dazu müsste man geschickt mit seinem Gegner zusammen spielen.

LEHRER: Dann verbünde dich mit deinem Nachbarn und versuche mit ihm gemeinsam das Spiel endlos fortzusetzen.

- - -

SCHÜLER: Es geht doch nicht, da die Anzahl der Zugmöglichkeiten immer kleiner wird.

LEHRER: Du behauptest also, dass das Spiel immer einen Gewinner findet. Aber kann das Spiel dennoch beliebig lange dauern oder ist die Anzahl der Züge beschränkt?

- - -

SCHÜLER: Ich habe mal gezählt, wie viele Züge wir bei den bisherigen Spielen benötigt haben. Es waren jedesmal genau 13 Züge!

LEHRER: Angenommen das Spiel dauert tatsächlich immer genau 13 Züge. Was würde das bedeuten?

SCHÜLER: Dann wäre das Spiel ein Witz. Man hätte gar keinen Einfluss auf den Ausgang des Spiels. Es würde tatsächlich immer der Spieler gewinnen, der anfängt.

Begriffsbildungen

LEHRER: Du hast behauptet, dass die Anzahl der Zugmöglichkeiten während des Spiels sinkt. Wie viele verschiedene Zugmöglichkeiten hat man denn zu Beginn?

SCHÜLER: Das mit den Zugmöglichkeiten war mehr so ein Gefühl. Um eine konkrete Zahl zu nennen, müsste ich erst einmal wissen, wann ich zwei Züge als unterschiedlich betrachten soll.

LEHRER: Würdest du die folgenden beiden Züge als gleich oder als verschieden ansehen?

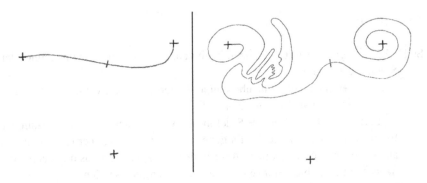

SCHÜLER: Die sind auf jeden Fall gleich, weil sie das gleiche Paar von freien Armen verbinden.

LEHRER: Was hältst du also davon, wenn wir zwei Züge genau dann als gleich bezeichnen, wenn sie dasselbe Paar von freien Armen verbinden.

SCHÜLER: Aber man könnte das linke Kreuz auch mit dem unteren verbinden. Das macht für das Spiel auch keinen Unterschied.

LEHRER: Du hast Recht. Die Definition liefert uns offenbar nicht das Maß, nach dem wir suchen. Andererseits müsste die Anzahl der Zugmöglichkeiten auch nach dieser Definition irgendwann zur Neige gehen. Lass uns das doch einmal anhand eines Spielverlaufs überprüfen. Wie viele unterschiedliche Züge hat man der Definition zufolge zu Beginn?

SCHÜLER: Wir haben zwölf freie Arme. Daraus können wir $\frac{12\cdot11}{2}$ Paare bilden. Also haben wir am Anfang *66* Zugmöglichkeiten. Nach dem ersten Zug sind es noch *46* Möglichkeiten, nach dem zweiten Zug noch *37* (siehe Abbildung auf der folgenden Seite).

SCHÜLER: Nach dem zwölften Zug gibt es nur noch 1 Möglichkeit und nach dem dreizehnten Zug ist kein weiterer Zug mehr möglich. Die Anzahl der Möglichkeiten sinkt fast immer, aber bei manchen Zügen bleibt sie auch konstant.

LEHRER: Wie unterscheiden sich die Züge, bei denen die Anzahl konstant bleibt von denjenigen, bei denen sie sinkt? Könntest du die „konstanten" Züge auch erkennen, ohne die Zugmöglichkeiten vor und nach dem Zug zu berechnen und zu vergleichen?

- - -

SCHÜLER: Ja. Bei den „konstanten" Zügen werden zwei „Teile" miteinander verbunden, die vorher noch nicht verbunden waren. Bei den „senkenden" Zügen ist das nicht der Fall.

LEHRER: Dann nennen wir diese Züge doch einfach *verbindende Züge*. Und die „Teile" von denen du sprichst, bezeichnen wir als *Komponenten*. Wie sieht es mit den „senkenden" Zügen aus? Kannst du sie ebenfalls durch ein anschauliches Merkmal charakterisieren?

- - -

SCHÜLER: Ja. Bei einem „senkenden" Zug verbindet die neue Kurve etwas, was schon verbunden ist. Dadurch entsteht ein „Rundweg" und es wird ein Stück „Land" abgetrennt.

LEHRER: Gut. Dann wollen wir von *trennenden Zügen* sprechen und die „Ländereien" als *Gebiete* bezeichnen. Wir haben also zwei Arten von Zügen, die verbindenden und die trennenden. Kannst du etwas über ihre jeweiligen Anzahlen in den verschiedenen Spielverläufen sagen?

- - -

SCHÜLER: In jedem unserer bisherigen Spielverläufe gab es *2* verbindende und *11* trennende Züge.

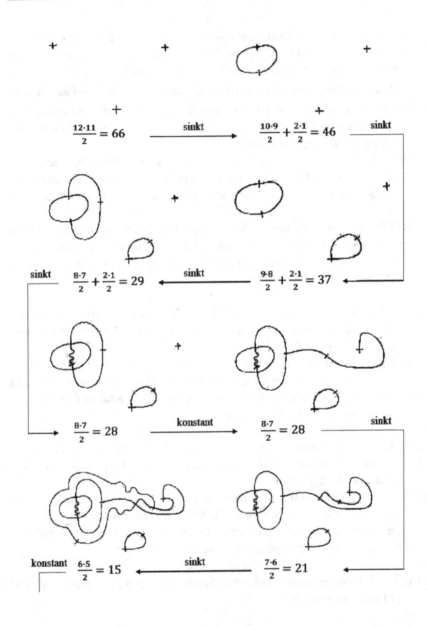

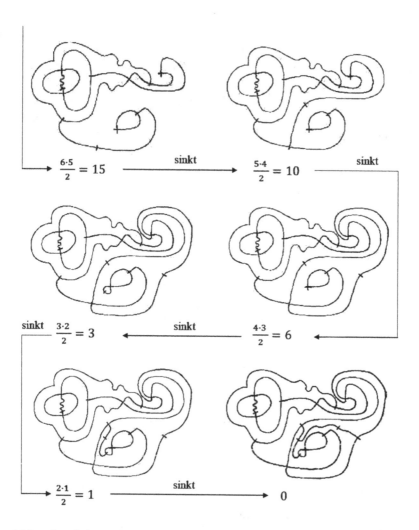

Im bisher beschrittenen Lösungsweg der beiden Protagonisten stand vor allem das plausible Schließen im Vordergrund. Bewiesen ist schließlich noch nichts. Doch die lose Beobachtung „Beginner = Gewinner" hat sich zu einer ausdifferenzierten Vermutung entwickelt, die viel bessere Ansatzpunkte für Erklärungsversuche bietet. Der entscheidende Fortschritt wurde bei dem Versuch, die gefühlte Abnahme der Zugmöglichkeiten zu quantifizieren mit der dadurch hervorgerufenen Begriffsbildung, erzielt. Wir stoßen bei dem Versuch nämlich unweigerlich auf die Frage, wann zwei Züge als gleich bzw. äquivalent zu bezeichnen sind. Die Erfahrung zeigt, dass Schülerinnen und Schüler bei dieser Frage zunächst häufig die von uns hantierte ad-hoc-Definition ins Spiel bringen. In dieser Hinsicht ist sie eine natürliche Definition. Zudem erweist sich die Definition als nützliches Werkzeug bei der Präzisierung unserer Vermutung, denn sie gibt uns Anlass zu der Unterscheidung zwischen zwei Arten von Zügen. Das Suchen nach anschaulichen oder geometrischen Merkmalen der beiden Arten von Zügen, die „konstanten" Züge wurden durch verbindende und die „senkenden" durch trennende ersetzt, diente dazu, die Vermutung schließlich wieder von der Definition der Gleichheit von Zügen zu befreien.

Lokales Ordnen[6] oder Erklären

Die Puzzleteile, verbindende und trennende Züge, Komponenten und Gebiete, sind nun angefertigt und warten darauf, zusammengesetzt zu werden.

LEHRER: Kannst du begründen, warum es stets *2* verbindende Züge während eines Spiels geben muss?

SCHÜLER: Ja. Am Anfang gibt es *3* Komponenten, die Kreuze. Am Ende ist alles verbunden. Dann gibt es nur noch *1* Komponente. Da die Anzahl der Komponenten nur bei den verbindenden Zügen sinkt und zwar genau um *1*, muss es *3 – 1*, also *2* verbindende Züge geben.

LEHRER: Es ist also genau wie beim Schokoladenproblem. Nein, es ist genau umgekehrt, denn dieses Mal brechen wir nicht, sondern fügen zusammen. Aber warum ist am Ende alles verbunden wie du behauptest?

---

[6] Der Begriff des „lokalen Ordnens" geht auf Hans Freudenthal zurück, und bezeichnet eine präformale Art des Beweisens: „Wenn der Schüler konstruktiv entdeckt, daß man auf dem Kreis den Halbmesser genau sechsmal abtragen kann, und wenn er das damit erklärt, daß die Winkel im gleichseitigen Dreieck 60° sind, so ist das durchaus streng. Dem Edel-Mathematiker ist dies Argument natürlich ein Greuel. Denn was wird hier nicht alles vorausgesetzt! Wieviel Axiome braucht man nicht, um zu diesem Resultat zu kommen, ob man es nach Euklid, nach Hilbert, oder mit linearer Algebra macht! Ganz richtig, aber auch das hat der Schüler erst zu lernen, und er lernt es nicht, indem man ihm ein Axiomensystem vorsetzt. [...] Bis dahin betreibt er, was man lokales Ordnen des Feldes nennen kann – es ist ein Begriff, der sich für das didaktische Verständnis insbesondere des Geometrie-Unterrichts als wichtig erweisen wird. Man analysiert die geometrischen Begriffe und Beziehungen bis zu einer recht willkürlichen Grenze, sagen wir, bis zu dem Punkte, wo man von den Begriffen mit dem bloßen Auge sieht, was sie bedeuten, und von den Sätzen, daß sie wahr sind. So räsonniert man immer in der Geometrie unseres Lebensraumes: niemals aus Axiomen, die viel zu weit weg liegen, sondern nach einem verschwimmenden und sich verschiebenden Horizont von Sätzen hin, die jeweils al wahr angenommen werden. Das Feld wird auf kleine oder größere Strecken, aber nicht als Ganzes geordnet." (Freudenthal, H. (1974), S. 142). Man beobachte, dass in der vorliegenden Arbeit nur auf dem Niveau des lokalen Ordnens argumentiert wird.

- - -

SCHÜLER: Bei jedem Zug setzen wir einen Strich irgendwo entlang der neu gezeichneten Kurve, wodurch wir auf beiden Seiten der Kurve einen freien Arm erhalten. Deswegen kann niemals ein Gebiet entstehen, in dem es keinen freien Arm gibt. Auch in das unendlich große „Außengebiet" zeigt von jeder Komponente aus mindestens ein freier Arm. So lange es noch mehr als eine Komponente gibt, muss es mindestens zwei freie Arme im Außengebiet geben. Also gibt es noch Zugmöglichkeiten und das Spiel ist noch gar nicht zu Ende.

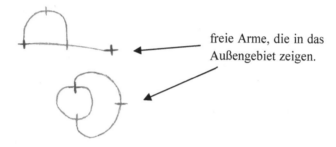

freie Arme, die in das Außengebiet zeigen.

LEHRER: Sehr schön. Du hast allerdings übersehen, dass die Komponenten nicht unbedingt allesamt im Außengebiet liegen müssen. Es kann auch sein, dass eine Komponente in einem „Innengebiet" einer anderen Komponente liegt (siehe nachfolgende Abbildung).[7] Dein Argument funktioniert aber auch in diesem Fall. Wir können uns also sicher sein, dass es in jedem Spielverlauf *2* verbindende Züge geben wird.

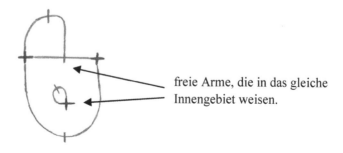

freie Arme, die in das gleiche Innengebiet weisen.

---

[7] Tatsächlich wird diese Situation von Schülerinnen und Schülern häufig übersehen, selbst dann, wenn sie zuvor beim Spielen häufiger vorgekommen ist.

Du hast erklärt, dass Gebiete ohne freie Arme nicht auftreten können. Das Spiel
ist somit beendet, wenn in jedem Gebiet nur noch genau ein freier Arm übrig ist. Wie viele Gebiete muss es demzufolge am Ende des Spiels geben?

- - -

SCHÜLER: Zwölf, denn es gibt am Ende genauso viele Gebiete wie freie Arme.
Zu Beginn hat man 12 freie Arme, aber am Ende auch, da ja die Anzahl der
freien Arme die ganze Zeit über gleich bleibt.

LEHRER: Und wie folgt hieraus, dass es *11* trennende Züge in jedem Spielverlauf geben muss?

SCHÜLER: Wegen des Schokoladenproblems. Am Anfang haben wir nur ein
Gebiet, das Außengebiet. Am Ende haben wir *12* Gebiete. Und nur die trennenden Züge erhöhen die Anzahl der Gebiete, und zwar genau um *1*.

LEHRER: Damit hast du gezeigt, dass es genau *2* verbindende und *11* trennende
Züge in jedem Spielverlauf gibt. Das Spiel dauert also tatsächlich immer
genau *13* Züge.

Wir fassen die gegebene Argumentation noch einmal in einem Baum zusammen:

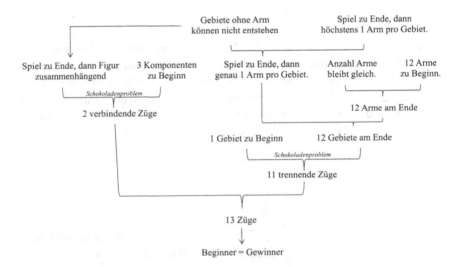

Verallgemeinern

LEHRER: Bei *3* Kreuzen zu Beginn dauert das Spiel immer genau *13* Züge. Wie
sieht es bei *1000* Kreuzen aus?

Im bisherigen Verlauf des Dialogs hinkten die Begründungen den Beobachtungen hinterher. Sie dienten „nur" dazu, das induktiv erlangte „Wissen" zu strukturieren und abzusichern. Nun wendet sich das Blatt.

SCHÜLER: Sie erwarten doch wohl nicht, dass wir jetzt mit 1000 Kreuzen zu Beginn spielen. Das Spiel wird ewig dauern. Zudem müssten wir mehrmals spielen, um zu überprüfen, ob stets dieselbe Anzahl von Zügen herauskommt. Man würde sich auch leicht verzählen, und der Spielverlauf würde viel zu unübersichtlich.

LEHRER: Von Spielen habe ich nicht gesprochen. Wie viele verbindende Züge gibt es bei *1000* Kreuzen?

SCHÜLER: Achso, jetzt verstehe ich. Es muss *999* verbindende Züge geben, aufgrund des Schokoladenproblems.

LEHRER: Genau. Allgemeiner gilt also:

$$\textit{verbindende Züge} = \textit{Kreuze} - 1 \qquad (1),$$

wenn wir mit *Kreuze* die Anzahl der Kreuze zu Beginn und mit *verbindende Züge* die Anzahl der verbindenden Züge während des Spiels bezeichnen. Und wie viele trennende Züge gibt es bei *1000* Kreuzen zu Beginn?

SCHÜLER: Die Anzahl der trennenden Züge ist aufgrund des Schokoladenproblems *1* weniger als die Anzahl der Gebiete am Ende. Die ist wiederum viermal so groß wie die Anzahl der Kreuze am Anfang. Das macht also $4 \cdot 1000 - 1 = 3999$ trennende Züge. Insgesamt dauert das Spiel dann *4998* Züge.

LEHRER: Richtig. Und allgemein haben wir dann:

$$\textit{trennende Züge} = \textit{Gebiete} - 1,$$

wenn wir mit *Gebiete* die Anzahl der Gebiete am Ende und mit *trennende Züge* die Anzahl der trennenden Züge während des Spiels bezeichnen. Außerdem gilt wie du sagst:

$$\textit{Gebiete} = 4 \cdot \textit{Kreuze}.$$

Durch Einsetzen erhalten wir dann:

$$\textit{trennende Züge} = 4 \cdot \textit{Kreuze} - 1 \qquad (2).$$

Addieren der Gleichungen (1) und (2) ergibt:

$$\textit{Züge} = \textit{verbindende Züge} + \textit{trennende Züge}$$

$$= \textit{(Kreuze} - 1) + (4 \cdot \textit{Kreuze} - 1) = 5 \cdot \textit{Kreuze} - 2.$$

SCHÜLER: Bei einer ungeraden Anzahl von Zügen zu Beginn gewinnt Spieler 1 und bei einer geraden Anzahl gewinnt Spieler 2.

Der Lehrer hat die Anfangssituation des Spiels so variiert, dass dem Schüler ein induktiver Zugang zum Problem verwehrt blieb. Es blieb nur ein deduktiver Weg, nämlich das Anpassen des für drei Kreuze gegebenen Beweises. So gelangte der Schüler zu Ergebnissen, die er noch nicht vorab beobachtet hatte. Das induktive Raten scheitert aufgrund fehlender Daten, doch das deduktive Raten führt mühelos zum Erfolg. Dies kann eine wertvolle Erfahrung für Lernende sein. Der Beweis gewinnt dadurch eine zusätzliche Funktion und zwar als Werkzeug zum Finden neuer Gesetzmäßigkeiten.

Aufgabe: Wie viele Züge dauert ein Spiel, wenn man mit *1000* Dreizacks anstatt mit *1000* Kreuzen beginnt?

3.1.3 Berglandschaften – im Spannungsfeld zwischen Singulärem und Regulärem

Lakatos hat in seiner Arbeit zum Eulerschen Polyedersatz die Entwicklung des Polyederbegriffs auf eine Dialektik von Beweisen und Widerlegungen zurückgeführt. Es ist verschiedentlich bemerkt worden, dass Lakatos den Gegenbeispielen damit eine zu gewichtige Rolle bei der Entwicklung von Begriffen einräumt. Klaus Volkert schreibt beispielsweise in seiner Arbeit über die Entwicklung des Homöomorphieproblems in Bezug auf die Lakatossche Philosophie:

„Diese ist meines Wissens die einzige ihrer Art, welche Beispielen (als Gegenbeispiele) eine wirklich wichtige Rolle für die Entwicklung der Mathematik
zugesteht".[8]

Nach einem Abgleich von Lakatos' Methode der Beweise und Widerlegungen
mit der schrittweisen Präzisierung des Homöomorphieproblems schreibt er dann:

„So schön dies alles in das Schema von Lakatos' Quasiempirismus paßt, so ist es doch
meiner Ansicht nach zu kurz gegriffen, die Rolle der Beispiele auf jene von Gegenbeispielen zu reduzieren, an deren harter Realität sich gleichsam voreilige mathematische
Verallgemeinerungen stoßen. Das, so finde ich, wird in der hier untersuchten Geschichte des Homöomorphieproblems sehr deutlich. In der ersten Phase der Diszipli-
nenentwicklung, welche oben als proliferierend gekennzeichnet wurde und die mehr
oder minder mit Poincaré's frühen Arbeiten zusammenfiel, begegneten uns die Beispiele gewissermaßen als Träger des mathematischen Fortschritts".[9]

Bei Corfield, der ebenfalls die Poincaréschen Arbeiten zur Topologie heranzieht,
fällt die Kritik noch deutlicher aus:

„Furthermore, and this is this essential point, to the best of my knowledge, no other
counter-examples did emerge to the large amount of theory contained in the *300* pages
of the Analysis Situs papers. This is not to say that later mathematicians considered all
his proofs complete, but simply that they proceeded not by discovering counter-
examples to the proofs but by reformulating them. As regards the second stage of discovery of a theory, then, it would appear to be wrong to maintain that the Method of
Proofs and Refutations describes the main dynamic of this period. Any attempt to 'ra-
tionally reconstruct' it as such would be doing unacceptable violence to history".[10]

Corfield sagt also, dass die Entwicklung des Mannigfaltigkeitsbegriffs in den
Poincaréschen Arbeiten nicht allein mit Hilfe der Methode der Beweise und
Widerlegungen dargestellt werden kann. Es wird also die Tragweite bzw. die
Anwendbarkeit der Lakatosschen Heuristik hinterfragt. Wir müssen wegen dieser Kritik aber nicht das dialektische Wesen der Mathematik insgesamt in Frage
stellen. Schließlich gibt es neben den Beweisen und Widerlegungen noch viele
weitere Gegensatzpaare, die eine Entwicklung der Mathematik vorantreiben
können. Brieskorn nennt in „Über die Dialektik in der Mathematik" beispielsweise die folgenden Begriffspaare:

---

[8] Volkert, K. (2002), S. 323.
[9] Volkert, K. (2002), S. 324.
[10] Corfield, D. (2003), S. 160-161.

„endlich	-	unendlich
kompakt	-	offen
diskret	-	kontinuierlich
konstant	-	variabel
quantitativ	-	qualitativ
algebraisch	-	geometrisch
regulär	-	singulär
lokal	-	global
analytisch	-	synthetisch
axiomatisch	-	konstruktiv"[11]

In dem nun vorzustellenden Kontext, der von Berglandschaften auf Inseln handelt, wird ebenfalls, wenn auch nur im Kleinen, Begriffsbildung betrieben. Wir stellen diese Begriffsbildung als ein Wechselspiel zwischen dem Besonderen und dem Allgemeinen, dem Singulärem und dem Regulären dar.

Die nachfolgende Abbildung zeigt eine bergige Insel, die wir mit Salzteig modelliert haben, sowie die zu dieser Insel gehörende *Höhenkarte*. Die Karte besteht aus geschlossenen Kurven genannt *Höhenlinien*. Die Punkte einer Höhenlinie liegen allesamt auf gleicher Höhe gegenüber dem Meeresspiegel.

Singuläre Punkte

Beim Betrachten der Karte fallen uns einige Punkte besonders ins Auge. Wir haben sie in nachfolgender Abbildung (rechts) durch Pfeile markiert. Wir haben dabei zwischen zwei Arten von auffälligen Punkten unterschieden. Bei den durch gestrichelte Pfeile angegebenen Punkten handelt es sich um die Doppelpunkte

---

[11] Brieskorn, E. (1974), S. 246.

von Höhenlinien. Diese Punkte bezeichnen wir als *Pässe*, da man auf der Insel von diesen Punkten aus in der Regel in zwei einander gegenüberliegende Richtungen bergab, aber auch in zwei einander gegenüberliegende Richtungen bergauf gehen kann (siehe nachfolgende Abbildung, links). Bei den mit durchgezogenen Pfeilen markierten Punkten handelt es sich um die lokal höchsten Punkte der Insel, die *Berge,* und um die lokal niedrigsten Punkte der Insel, die *Täler.*

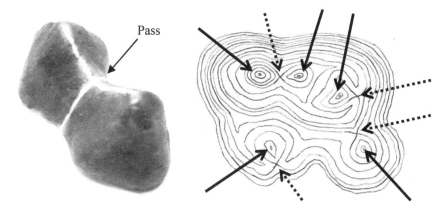

Pass

Nachdem die singulären Punkte unsere Aufmerksamkeit auf sich gezogen haben, ist es natürlich den Wunsch sie in eine Ordnung zu bringen. Besteht eine Regelmäßigkeit zwischen ihren Anzahlen? Brieskorn schreibt in „Über die Dialektik in der Mathematik":

> „ Aber wenn der Mathematiker auch das Allgemeine sucht, kommt es doch immer wieder vor, daß er auf das Singuläre, das Exzeptionelle, das ‚Pathologische' stößt. Und das Bemühen, dieses völlig Neue, Besondere zu begreifen, es doch wieder zu einem Allgemeinen zu machen, ist auch ein entscheidendes Moment des Fortschritts".[12]

Auf unserer Insel übersteigt die Anzahl der Berge und Täler zusammengenommen die Anzahl der Pässe um *1,* d.h. es gilt:

$$Berge + Täler = Pässe + 1.$$

Auch die durch die folgenden Höhenkarten gegebenen Inseln erfüllen diese Beziehung.

---

[12] Brieskorn, E. (1974), S. 264.

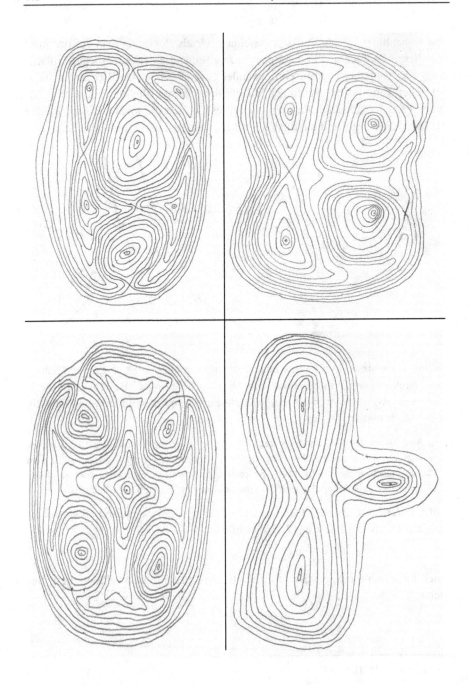

Singuläre Inseln

Andererseits können wir die Formel schon anhand einfachster Beispiele widerlegen:

Bergkamm Plateau Affensattel

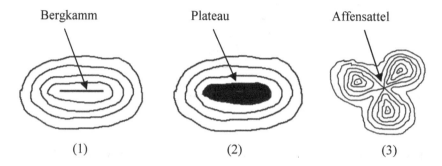

(1) (2) (3)

Die Inseln (1) und (2) in oben stehender Abbildung besitzen nicht nur einen höchsten Punkt, sondern unendlich viele höchste Punkte. Insel (1) hat eine ganze Linie von höchsten Punkten, Insel (2) sogar ein ganzes Gebiet. Wie viele Berge haben die beiden Inseln? Wenn ein Berg ein Punkt sein soll, der höher als jeder andere Punkt seiner „direkten" Umgebung ist, dann gibt es gar keine Berge auf den beiden Inseln. Wenn mit einem Berg ein Punkt gemeint ist, der zumindest keine höheren Punkte in seiner „direkten" Umgebung hat, dann gibt es unendlich viele Berge auf den beiden Inseln. Pässe und Täler haben die beiden Inseln nicht. Keine der beiden Definitionen des Bergbegriffs eignet sich also dazu unsere Vermutung (*Berge + Täler = Pässe + 1*) zu retten. Insel (3) besitzt *3* Berge, *0* Täler und *1* Pass. Damit ist die Vermutung abermals widerlegt. Gegenbeispiele gibt es hier anscheinend zu genüge. Wir können Lakatos' Heuristik trotzdem nicht anwenden. Wir haben ja schließlich noch gar keinen Beweis. Wie gehen wir mit dieser Situation um? Brieskorn schreibt über den Umgang mit dem Singulärem folgendes, wobei er speziell an Singularitäten aus der komplexen Analysis und der algebraischen Geometrie denkt:

> „Aber über die regulären Punkte ist eben nicht viel mehr zu sagen, als daß sie regulär sind. Interessant sind die singulären Punkte, aus vielfältigen Gründen. Andererseits sind die Singularitäten schwierig zu untersuchen und geben Anlass zu Komplikationen aller Art. Darum sucht man die Untersuchungen dadurch zu Vereinfachen, daß man die

Singularitäten irgendwie deformiert oder modifiziert oder stratifiziert und die Untersuchung so nach Möglichkeit auf den einfacheren regulären Fall reduziert".[13]

Berg

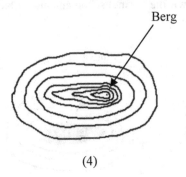

(4)

Ähnlich wie bei der „Monsteranpassung"[14] in Lakatos' „Beweise und Widerlegungen" versucht man also die Gegenbeispiele in Beispiele zu verwandeln. Bei Insel (1) genügt hierzu schon ein leichtes „Kippen" der gesamten Insel. Sie wird dadurch in Insel (4) überführt (siehe vorherige Abbildung). Auch Insel (2) kann durch leichtes Kippen gezähmt werden.

Affensattel

---

[13] Brieskorn, E. (1974), S. 264-265.
[14] Vgl Lakatos, I. (1979), S. 24.

Insel (3) ist widerspenstiger. Sie ist resistent gegen das Kippen. Der Insel fehlt aus Sicht der Formel ein zweiter Pass. Das Problem liegt bei dem Pass, der schon da ist. Die Umgebung eines gewöhnlichen Passes hat Ähnlichkeit mit einem Pferdesattel. Die Umgebung des Passes auf Insel (3) sieht dagegen anders aus. Als Sattel wäre ihre Form wohl für einen Affen mit einem Schwanz geeignet (siehe vorherige Abbildung). Aber so ein *Affensattel* ist nicht stabil, denn schon ein kleines Erdbeben reicht aus, um den Affensattel in zwei gewöhnliche Pässe zu zerlegen. Bei einem Affensattel sind also zwei gewöhnliche Pässe in einem Punkt zusammengefallen.

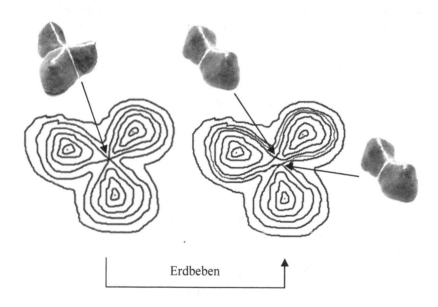

Erdbeben

Die drei als Gegenbeispiele betrachteten Inseln waren also gewissermaßen selbst singuläre Punkte und zwar im „Raum" der Inseln. Wir verwandelten sie durch leichte Deformationen in reguläre Inseln und diese genügten dann tatsächlich jeweils unserer Formel. Das legt die Vermutung nahe, dass die Formel zumindest für alle regulären Inseln gilt.

Singuläre Höhen

Die äußerste Höhenlinie der Karte einer Insel repräsentiert die Küste der Insel. Steigt der Meerespegel, so verschwindet diese Höhenlinie im Meer und eine weiter innen liegende Höhenlinie übernimmt ihre Rolle als Küste. Jede Höhenlinie ist somit auch eine potenzielle Küste und wir können die Höhenkarte als ein Diagramm auffassen, das die Umrisse der Insel im zeitlichen Verlauf einer „Sintflut" darstellt. Anhand der Höhenkarten kann man also beobachten, wie sich die Insel bei einem stetig steigenden Wasserpegel verändert. Wir sind dabei besonders an Veränderungen interessiert, die in Zusammenhang mit unserer Formel stehen. Die meiste Zeit über, während das Wasser steigt, schrumpft die Insel einfach nur, ohne, dass sich die Anzahl der Berge, Täler und Pässe dabei verändert. Interessant wird es in dieser Hinsicht erst, sobald der Wasserpegel die Höhe eines singulären Punkts erreicht:

- ■ Wenn der Wasserpegel die Höhe eines Tals überschreitet, dann drückt das Grundwasser, dessen Pegel wir stets auf gleicher Höhe mit dem des Meeres annehmen, von unten ins Tal, und es entsteht dort ein kleiner See.

- ■ Wenn der Wasserpegel die Höhe eines Bergs überschreitet, dann verschwindet eine Insel, die kurz vor ihrem Untergang nur noch den besagten Berg als singulären Punkt besaß.

In der nachfolgenden Abbildung ist unsere „Ausgangsinsel" jeweils zu den Zeitpunkten gezeichnet, bei denen der Wasserpegel die Höhe eines Passes erreicht hat. Wir erkennen zwei unterschiedliche Situationen: Stammt das Wasser, das den Pass von zwei Seiten bedrängt, aus ein und dem gleichen Gewässer, so sprechen wir von einem *Bergpass*, stammt es aus zwei verschiedenen Gewässern, so reden wir von einem *Talpass*.

- ■ Wenn der Wasserpegel die Höhe eines Bergpasses überschreitet, dann verschwindet der Pass und eine Insel zerfällt in zwei Teile.

- ■ Wenn der Wasserpegel die Höhe eines Talpasses überschreitet, dann verschwindet der Pass und zwei Gewässer vereinigen sich zu einem einzigen.

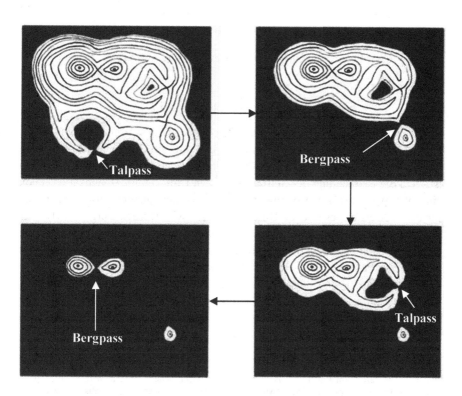

Während der Sintflut nimmt die Anzahl der Gewässer also um *1* zu, wenn der Wasserpegel die Höhe eines Tals überschreitet und sie sinkt um *1*, wenn der Pegel die Höhe eines Talpasses überschreitet. Am Anfang und am Ende der Sintflut haben wir gleich viele Gewässer, nämlich nur ein einziges, das Meer. Also muss auch die Anzahl der Täler gleich der Anzahl der Talpässe sein:

$$Talpässe = Täler \qquad (1).$$

Die Anzahl der Inseln nimmt um *1* zu, wenn der Wasserpegel die Höhe Bergpasses überschreitet und sie sinkt um *1*, wenn der Pegel die Höhe eines Bergs überschreitet. Am Ende der Sintflut ist unsere Insel komplett im Meer verschwunden, sodass wir im Vergleich zur Anfangssituation genau eine Insel verloren haben. Daher muss die Anzahl der Berge um *1* größer sein, als die Anzahl der Bergpässe:

$$Bergpässe = Berge - 1 \qquad (2).$$

Addition der Gleichungen (1) und (2) ergibt:

$$P\ddot{a}sse = Talp\ddot{a}sse + Bergp\ddot{a}sse = T\ddot{a}ler + (Berge - 1),$$

bzw.

$$Berge + T\ddot{a}ler = P\ddot{a}sse + 1.\text{[15]}$$

Damit haben wir die Formel bewiesen. Der gegebene Beweis stammt von James Clerk Maxwell.[16] Schlau war darin die Idee, eine Sintflut zu betrachten, auch wenn eine Flut sicher keine ungewöhnliche Assoziation im Kontext von Inseln ist, und die Betrachtung der Sintflut durch den Umgang mit Höhenkarten schon ein Stück weit vorbereitet wurde. Die weiteren Überlegungen, insbesondere die für den Beweis entscheidende Unterscheidung zwischen den Berg- und Talpässen, ergaben sich dann im Kontext der Sintflut wie von selbst. Die genannte Unterscheidung beruhte auf der Aufteilung der Insel in Punkte, die oberhalb des betrachteten Passes liegen, und solche, die darunter liegen. Im Kontext der Sintflut ist die Betrachtung dieser Aufteilung unvermeidlich, schließlich handelt es sich dabei einfach um die Unterscheidung zwischen Land und Wasser.

---

[15] Wir finden diese Formel auch in H.B. Griffiths Buch „Oberflächen", in dem Griffiths eine topologische Theorie von „Papierflächen" entwickelt. Im Vorwort schreibt er: „Mathematisch entwickelt es (das Buch) die Topologie der kompakten Flächen bis zum Klassifizierungssatz und behandelt auch die Morse-Theorie solcher Flächen. Der Zugang zu diesen Theorien erfolgt von den „Henkelkörpern" her. Eine herkömmliche mathematische Behandlung würde dagegen „logisch" beginnen mit topologischen Räumen, Stetigkeit und Homöomophismen, bevor sie sich den kombinatorischen Fragestellungen zuwendet. Jeder Student, der diese methodische Anfangsschwelle nicht überwinden könnte, wäre dann von dem reichhaltigen anschaulichen Material abgeschnitten, das der späteren Arbeit zugrunde liegt. Und es ist dieses reichhaltige anschauliche Material, das ein zukünftiger Lehrer braucht, damit er mehr Gewicht auf die Bedeutung als auf die Syntax legen kann, wenn er Kinder in das dreidimensionale Denken einführen will. Die Wichtigkeit der Bedeutung gegenüber der Syntax hat nachdrücklich René Thom in seinem Vortrag auf dem Internationalen Kongreß für Mathematikunterricht 1972 hervorgehoben." (Griffiths, H.B. (1978), S. 6.). Griffiths versucht also mit seiner Darstellung insbesondere den zukünftigen Lehrern einen direkten und dennoch mathematisch tragfähigen Zugang zur Topologie der Flächen zu ermöglichen.
Eine weitere elementare Behandlung der Formel findet man im Buch „Anschauliche kombinatorische Topologie" von V.G. Boltjanskij und V.A. Efremovic. Dort wird die Formel auf einen nah verwandten und zuvor behandelten Satz über Vektorfelder auf Flächen zurückgeführt (vgl. Boltjanskij, V.G. und Efremovic, V.A. (1986)).
[16] Man findet den Beweis in einem kurzen und gut lesbaren Artikel mit dem Titel „On hills and dales" (siehe Maxwell (1870)). Thematisch ähnlich und ebenfalls interessant ist der Artikel „On slope and contour lines" von Arthur Cayley (siehe Cayley (1859)). Auch dort werden mitunter die Berge, Pässe und Täler auf einer Insel betrachtet, doch es wird keine Beziehung zwischen deren Anzahlen hergestellt.

Aufgabe: Wir betrachten einen völlig ausgetrockneten „regulären" Planeten. Der Planet besitzt also keine Plateaus, Bergkämme, entartete Pässe oder ähnliche singuläre Situationen. Die Höhe der Punkte auf der Oberfläche sei als Abstand zu einem Punkt im Inneren des Planeten definiert. Finden Sie eine Beziehung zwischen den Anzahlen der Berge, Pässe und Täler auf dem Planeten, indem Sie den für die regulären Inseln gegebenen Beweis an geeigneter Stelle anpassen.

3.2 Kontextübergreifende Betrachtungen

„Ich weiß nicht, ob ich an einer Stelle schon erwähnte, daß die Mathematik die Kunst ist, scheinbar verschiedenen Dingen denselben Namen zu geben. Nur müssen diese Dinge, wenn sie auch an Inhalt verschieden sind, in der äußeren Erscheinung sich ähnlich sein, und sie müssen sozusagen in dieselbe Form gegossen werden können. Wenn die Ausdrucksweise gut gewählt ist, so wird man mit Erstaunen bemerken, wie alle Beweisführungen, die für ein bekanntes Objekt gemacht werden, sofort auf viele neue Objekte anwendbar sind; man braucht nichts zu ändern, nicht einmal die Worte, weil die Benennungen die gleichen geworden sind".[17]

3.2.1 Zusammenfassung der Gemeinsamkeiten

Bisher haben wir die drei Kontexte „Polyeder", „Brussels sprouts" und „Berglandschaften" getrennt voneinander betrachtet. Dennoch wurden durch die Art der Darstellung einige strukturelle Gemeinsamkeiten angedeutet. Wir wollen diese Gemeinsamkeiten nun explizit benennen und weiter präzisieren.

„Ecken ≙ Kreuze, Kanten ≙ Züge, Flächen ≙ Gebiete"

Beim Spiel „Brussels sprouts" galt es die Invarianz der Anzahl der Züge zu erklären. Entscheidend war dabei die Unterscheidung zwischen zwei Arten von Zügen, die uns zu den folgenden beiden Formeln führte:

$$verbindende\ Z\ddot{u}ge = Kreuze - 1 \qquad (C1),$$

$$trennende\ Z\ddot{u}ge = Gebiete - 1, \qquad (C2).$$

Auf ähnlich geartete Formeln trafen wir auch im Kontext der Polyeder. Dort unterschieden wir, motiviert durch die Betrachtung von Polyedernetzen, zwi-

---

[17] Poincaré, H. (1914), S. 23-24.

schen zwei Arten von Kanten und gelangten daraufhin zu den folgenden beiden Formeln:

$$geklebte\ Kanten = Ecken - 1 \qquad (E1),$$

$$gefaltete\ Kanten = Flächen - 1 \qquad (E2).$$

Die Gültigkeit der vier Formeln (C1), (C2), (E1) und (E2) haben wir jeweils mit Hilfe des Schokoladenproblems begründet. Die analoge Form der vier Formeln suggeriert, dass wir die Ecken, Flächen und Kanten eines Polyeders in irgendeiner Weise, als Kreuze, Gebiete und Züge eines sprouts-artigen „Spiels" interpretieren können. Das funktioniert wie folgt:

Wir betrachten ein (einfach-zusammenhängendes) Polyeder und färben dessen Kanten schrittweise nach folgenden Regeln:

- ■ Wähle eine noch ungefärbte Kante.

- ■ Falls die beiden zugehörigen Ecken noch nicht durch einen Weg aus gefärbten Kanten verbunden sind, färbe die Kante schwarz, ansonsten grau.

- ■ Fahre fort bis alle Kanten gefärbt sind.

In nachfolgender Abbildung haben wir die Prozedur am Beispiel des Würfels durchgeführt. Ob eine Kante schwarz oder grau gefärbt wird, hängt davon ab in welcher Reihenfolge die Kanten gefärbt werden. Die Anzahl der schwarz gefärbten Kanten sowie die Anzahl der grau gefärbten Kanten sind jedoch am Ende immer gleich.

Wir führen die folgenden Begriffe ein:

- ■ (*Zug*) Das Färben je einer Kante fassen wir als einen Zug auf.

- ■ *(Komponente)* Zwei Ecken gehören zu einem bestimmten Zeitpunkt des Färbens zur gleichen Komponente, wenn sie zu dem Zeitpunkt durch einen Weg aus gefärbten Kanten miteinander verbunden sind. Der Würfel besitzt beispielsweise vor dem ersten Zug *8* Komponenten und nach dem letzten Zug nur noch eine Komponente.

- ■ (*Gebiet*) Zwei Flächen gehören zum gleichen Gebiet, wenn man von der einen Fläche (über die Oberfläche des Polyeders) zur anderen gelangen kann, ohne eine gefärbte Kante zu überqueren. Der Würfel besteht beispielsweise vor dem ersten Zug nur aus einem Gebiet und nach dem letzten Zug aus 6 Gebieten.

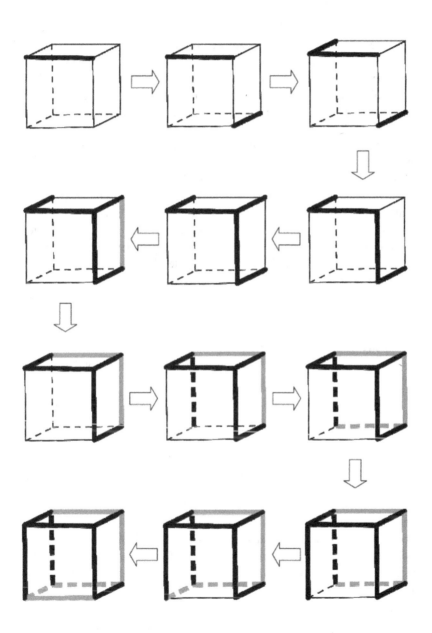

Die Anzahl der Ecken des Polyeders ist also gleich der Anzahl der Komponenten vor dem ersten Zug und die Anzahl der Flächen des Polyeders ist gleich der Anzahl der Gebiete nach dem letzten Zug. Ein Zug, bei dem die gewählte Kante schwarz gefärbt wird, verbindet zwei Komponenten miteinander und ein Zug, bei dem die gewählte Kante grau gefärbt wird, trennt zwei Gebiete voneinander. Wir sprechen daher, wie beim Spiel Brussels sprouts, im ersten Fall von einem *verbindenden* Zug und im zweiten Fall von einem *trennenden* Zug.

Wir betrachten nun ein (einfach-zusammenhängendes) Polyeder, das aus einem Netz gebastelt wurde, und färben, wieder nach den gleichen Regeln, zunächst die geklebten Kanten in beliebiger Reihenfolge und danach die gefalteten Kanten in beliebiger Reihenfolge. Wir stellen dann fest, dass die geklebten Kanten allesamt schwarz und die gefalteten Kanten allesamt grau gefärbt werden. Wir haben also „eine" Reihenfolge gefunden bei der während der verbindenden Züge die geklebten Kanten und während der trennenden Züge die gefalteten Kanten gefärbt werden. Damit ist die gewünschte Identifikation erfolgt.

„Berge ≙ Kreuze, Pässe ≙ Züge, Täler ≙ Gebiete"

Auch in unserem dritten Kontext, den „Berglandschaften" stießen wir bei der Betrachtung eines ausgetrockneten regulären Planeten auf zwei Formeln, die zumindest was die Form betrifft den Formeln (C1), (C2), (E1) und (E2) entsprechen:

$$Talpässe = Täler - 1 \qquad (M1),$$

$$Bergpässe = Berge - 1 \qquad (M2).$$

Die Unterscheidung der beiden Arten von Pässen wurde hier durch die Betrachtung der Sintflut nahe gelegt. Auch diese beiden Formeln können wir auf das Schokoladenproblem zurückführen.[18] Dazu verändern wir den Maxwellschen „Sintflutbeweis" in geringfügiger Weise: Wir sorgen zunächst dafür, dass jeder Berg des Planeten höher ist als dessen höchster Pass und dass jedes Tal des Planeten tiefer ist als dessen tiefster Pass. Einige Berge haben wir also künstlich erhöht und einige Täler künstlich tiefer gelegt. Die Anzahl der Berge und Täler haben wir dabei nicht geändert. Auch an der Sintflut nehmen wir Änderungen vor:

---

[18] Die beträchtliche Ähnlichkeit zwischen dem Beweis von von Staudt und dem Beweis von Maxwell wurde meines Wissens noch nirgendwo erwähnt.

■ (Anfangssituation) Der Wasserpegel liegt über dem höchsten Tal, aber noch unter dem niedrigsten Pass. Alle Täler des Planeten sind in dieser Situation jeweils durch einen See bedeckt.

■ (Sintflut) Der Wasserpegel steigt.

■ (Endsituation) Der Wasserpegel liegt über dem höchsten Pass, aber noch unter dem niedrigsten Berg. Alle Berge bilden in dieser Situation eine separate Insel.

Die Anzahl der Gewässer ist zu Beginn gleich der Anzahl der Seen und also gleich der Anzahl der Täler. Am Ende ist nur noch ein Gewässer übrig, das Meer. Die Anzahl der Talpässe ist daher dem Schokoladenproblem zufolge um *1* kleiner als die Anzahl der Täler, d.h. die Formel (M1) gilt.

Die Anzahl der Kontinente oder Inseln ist am Ende gleich der Anzahl der Berge. Zu Beginn gab es nur eine Insel, den gesamten Planeten. Die Anzahl der Bergpässe ist daher dem Schokoladenproblem zufolge um *1* kleiner als die Anzahl der Berge, d.h. die Formel (M2) gilt.

Die soeben betrachtete Sintflut ist ein stetiger Prozess. Interessantes ereignet sich dabei nur auf Höhe der Pässe. Daher können wir die Sintflut genauso gut in diskreten Schritten, oder besser gesagt in Zügen, ablaufen lassen. Ein Zug besteht dann aus einer Anhebung des Wasserpegels, bis der Pegel die Höhe des nächsthöheren Passes überschritten hat. Es gibt dann also zwei Arten von Zügen, solche, die zwei Gewässer (Komponenten) miteinander *verbinden* (Talpässe) und solche, die eine Insel (Gebiet) (zer)-*trennen* (Bergpässe). Die Begriffe, die wir uns im Kontext „Brussels sprouts" erarbeitet haben, können wir also auch im Kontext „Berglandschaften" sinnvoll interpretieren.

Obwohl das Argumentationsmuster, das dem von Staudtschen Beweis zugrunde liegt, offenbar allen drei Kontexten gemein ist, haben wir beim Entdecken dieses Musters jeweils von Eigenheiten der Kontexte Gebrauch gemacht. Bei den Polyedern waren es deren Netze, beim Spiel „Brussels sprouts" die Quantifizierung der Abnahme der Zugmöglichkeiten und bei den Berglandschaften die Sintflut, die jeweils die wichtige Unterscheidung zwischen den zwei Arten von Kanten, Zügen bzw. Pässen nahe legten. Es waren also drei völlig verschiedene kontextspezifische Situationen, die den entscheidenden Beweisschritt motivierten. Kontexte und die damit verbundenen Assoziationen spielen also eine wichtige Rolle beim Entdecken, auch wenn das Entdeckte sich schließlich als vom Kontext unabhängig erweist.

3.2.2   Neue Einsichten durch kontextübergreifende Überlegungen

Der Fund einer Brücke zwischen verschiedenen mathematischen Gebieten markiert fast immer den Beginn neuer Entwicklungen und Resultate. Wir haben mit
dem von Staudtschen Beweis eine solche Brücke zwischen unseren drei Kontexten gefunden. Tatsächlich eröffnet uns dies viele neue Möglichkeiten. Schließlich können wir nun gleichzeitig auf die Assoziationen aus drei verschiedenen
Kontexten zurückgreifen.

Die schon gefundenen Analogien regen uns dazu an, nach weiteren Analogien zu suchen. Typischerweise werden wir dabei aufgrund der Eigenheiten der
Kontexte auch auf Begriffe treffen, zu denen wir in den anderen Kontexten keine
bestehende Entsprechung finden. In einem solchen Fall können wir versuchen,
den betreffenden Begriff bewusst zu übertragen, um ihn dann in seinem neuen
Umfeld, nutzbar zu machen. Es folgen nun vier Beispiele, anhand derer wir das
Potenzial kontextübergreifender Tätigkeiten illustrieren wollen.

Eine Analogie prüfen – „Kanten = Pässe"

In Lakatos' Version des Beweises von Cauchy entnimmt man dem Polyeder
zunächst eine Fläche. Danach zerrt man, sofern es sich um ein einfaches Polyeder handelt, den verbleibenden Teil ohne Überlappungen in die Ebene und
erhält dadurch einen ebenen Graphen, der die folgende Formel erfüllt:

$$\text{Ecken} + \text{Flächen} = \text{Kanten} + 1.$$

Das „Außengebiet" wurde dabei nicht als Fläche gezählt. Für reguläre Inseln
haben wir eine formal ähnliche Formel erhalten:

$$\text{Berge} + \text{Täler} = \text{Pässe} + 1.$$

Die formale Analogie der beiden Formeln suggeriert, dass wir die Höhenkarten
einer regulären Insel in einen ebenen Graphen verwandeln können, so dass dabei
die Berge zu Ecken, die Täler zu Flächen und die Pässe zu Kanten werden. Jeden
Pass müssen wir dazu offenbar mit zwei Bergen verbinden. Die beiden Verbindungen würden dann zusammengenommen die zum Pass gehörige Kante, und
die beiden Berge die Ecken der Kante bilden. Von einem Pass gelangt man auf
natürliche Weise zu einem Berg, indem man sich stets in die Richtung mit der
größten Steigung, d.h. stets entlang der Wasserscheiden bewegt. In der nachfol-

genden Abbildung haben wir die Wasserscheiden auf einer unserer Höhenkarten
eingezeichnet.

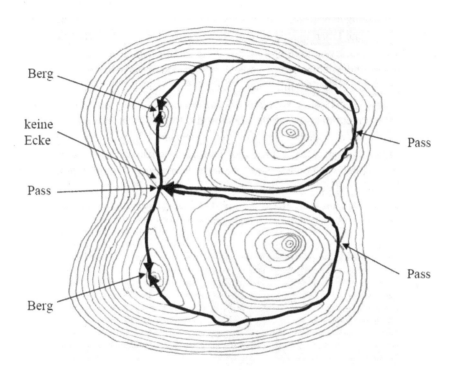

Wir stellen nun fest, dass eine Wasserscheide von einem Pass nicht notwendig zu
einem Berg führt, sondern dass sie auch zu einem höher liegenden Pass führen
kann. Wir erhalten also durch das Einzeichnen der Wasserscheiden ein graphen-
ähnliches Gebilde, dessen Kanten aber manchmal gar keine oder nur eine Ecke
besitzen, je nachdem, ob die Wasserscheide zwei Pässe oder einen Berg mit
einem Pass verbindet.

Wir haben also durch das Explizieren der Analogie gelernt, dass der Polyedersatz nicht nur für ebene Graphen gilt, sondern auch noch für allgemeinere
kombinatorische Gebilde, nämlich solche, die den regulären Inseln entsprechen.

Einen kontextspezifischen Begriff übertragen – Tunnel

In Kapitel II haben wir den Bilderrahmen als Beispiel für ein nicht-einfaches Polyeder kennengelernt, d.h. als ein Polyeder, dass sich nach Wegnahme einer Fläche nicht ohne Überlappung in die Ebene zerren lässt. Aber wie findet man den Bilderrahmen? Wie kommt man auf die Idee mit dem „Tunnel"? Lässt man Schülerinnen und Schüler Körper aus Polydron bauen, so wird man dabei nur höchst selten ein Polyeder mit einem Tunnel antreffen. Beim Modellieren von Salzteiginseln ist dies anders. Hier wird das Material fleißig „durchbohrt", und Tunnel bilden nicht die Ausnahme, sondern die Regel.[19] Das Phänomen Tunnel können wir also viel leichter im Kontext „Berglandschaften" als im Kontext „Polyeder" entdecken. Den Begriff des Tunnels können wir bei den Inseln als vordergründig, bei den Polyedern als versteckt bezeichnen. Sofern man nun aber die bestehende Analogie der beiden Kontexte kennt, findet man den Bilderrahmen leicht als Pendant zu einer durchbohrten Insel. Die Brücke hat uns also zu einem „neuen" Polyeder, dem Bilderrahmen, verholfen.

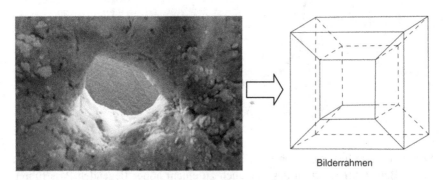

Bilderrahmen

Eine kontextspezifische Operation übertragen – Schnitte

Das Zerschneiden von Kanten bildet im Kontext der Polyeder, zumindest wenn man sich die Polyeder als Fläche vorstellt, eine natürliche Operation. Man denke beispielsweise an die Rückkehrschnitte, bei denen man die Kanten eines nicht-zerstückelnden geschlossenen Kantenzugs zerschneidet. Im Kontext „Brussels sprouts" sind wir mit Schnitten bisher noch nicht in Berührung gekommen. Wir können sie aber künstlich in das Spiel einführen, indem wir beim Ziehen den Stift durch eine Schere ersetzen: Wir verbinden zwei freie Arme während eines

---

[19] Vgl. Berendonk, S. (2010), S. 152.

Zuges nun durch einen Schnitt, anstatt wie bisher durch eine auf dem Papier gezeichnete Kurve. Die nachfolgende Abbildung zeigt den Beginn eines möglichen Spielverlaufs:

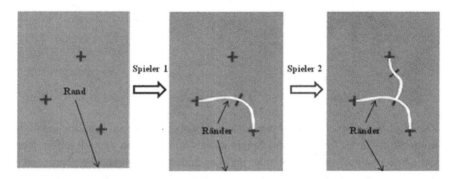

Es handelt sich noch stets um das „gleiche" Spiel. Dennoch hat sich etwas Entscheidendes verändert, die Gestalt. Zum Beispiel entsteht durch die Schnitte ein neues Phänomen, das in der ursprünglichen „Stift-Papier" Version keine Rolle spielte. Es gibt nun *Ränder*, und deren Anzahl verändert sich während des Spielverlaufs:

■ Bei einem trennenden Zug liegen die beiden zu verbindenden freien Arme auf dem gleichen Rand. Daher erhöht der Schnitt die Anzahl der Ränder um 1.

≡ Bei einem verbindenden Zug liegen die beiden zu verbindenden freien Arme entweder auf verschiedenen Rändern oder mindestens einer der beiden Arme liegt noch gar nicht an einem Rand. Im ersten Fall senkt der Schnitt die Anzahl der Ränder um 1, im zweiten Fall bleibt die Anzahl gleich.

Lägen auch die freien Arme der Kreuze schon zu Beginn auf einem Rand, so würde jeder Zug die Anzahl der Ränder ändern. Das lässt sich aber leicht einrichten: Anstatt das Zeichenblatt zu Beginn mit *n* Kreuzen zu versehen, stanzen wir aus dem Blatt *n* kleine Kreisscheiben aus und zeichnen an den Rand jeder dieser Kreisscheiben vier freie Arme. Wieder haben wir nur die Gestalt des Spiels geändert. Die nachfolgende Abbildung zeigt den Beginn eines möglichen Spielverlaufs in der aktuellen Version des Spiels.

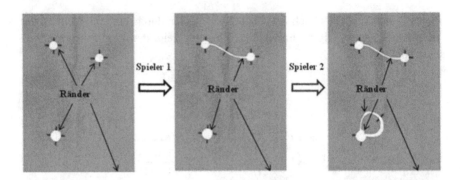

Zu Beginn des Spiels gibt es *n+1* Ränder, wobei der Rand des Zeichenblatts mitgezählt wurde. Am Ende des Spiels gibt es immer genau *4n+1* Ränder, denn das „Außengebiet" hat zwei Ränder und alle anderen Gebiete haben genau einen Rand. Die Anzahl der Ränder wird also während des Spielverlaufs um *3n* erhöht.

- Falls *n* gerade ist, so ist auch *3n* gerade und da sich die Anzahl der Ränder bei jedem Zug ändert, muss die Anzahl der Züge während des Spielverlaufs ebenfalls gerade sein.

- Falls *n* ungerade ist, so ist auch *3n* ungerade und da sich die Anzahl der Ränder bei jedem Zug ändert, muss die Anzahl der Züge während des Spielverlaufs ebenfalls ungerade sein.

Die veränderte Gestalt des Spiels ausnutzend sind wir mit einem Paritätsargument erneut zu der Tatsache gelangt, dass bei „Brussels sprouts" schon die Anzahl der Kreuze zu Beginn den Sieger festlegt.

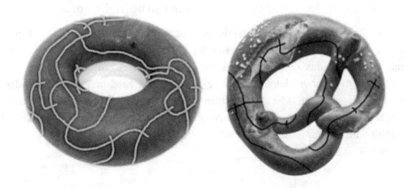

Das Spiel „Brussels sprouts" ist natürlich nicht notwendig an ein Zeichenblatt gebunden. Genauso gut können wir das Spiel auch auf einem Schwimmreifen (Torus) oder einem Brezel spielen (siehe vorherige Abbildung). Die Anzahl der Züge ist dann jedoch nicht mehr konstant. Es können Züge auftreten, die weder verbinden noch trennen. Die Anzahl der Kreuze zu Beginn legt aber noch stets den Gewinner fest. Einen Beweis dieser Tatsache haben wir gerade gesehen, denn das „Paritätsargument" funktioniert nicht nur beim Zeichenblatt, sondern bei jeder orientierbaren Fläche. Die Einführung einer zunächst fremdartigen Operation hat uns schließlich zu neuen Erkenntnissen über das Spiel geführt.

Einen gesamten Kontext übertragen – Polyeder als Inseln

Einen lokal höchsten Punkt auf unseren Salzteiginseln haben wir als Berg und einen lokal tiefsten Punkt als Tal bezeichnet. Als Pässe definierten wir die Doppelpunkte von Höhenlinien. Mit der Höhe eines Punkts ist dabei einfach dessen Abstand zum Tisch gemeint. Anstatt einer Salzteiginsel können wir auch ein Polyeder auf den Tisch stellen. Das Polyeder hat dann in Bezug auf den Tisch mindestens einen lokal höchsten Punkt und einen lokal tiefsten Punkt. Gegebenenfalls gibt es auch Höhenlinien mit Doppelpunkten. Insofern haben die Begriffe Berge, Täler und Pässe auch eine Bedeutung für das Polyeder. Die nachfolgende Abbildung zeigt die die Höhenlinien und kritischen Punkte (Berge, Pässe und Täler) eines Torus, der über einem Tisch platziert ist.

Wir können das Polyeder so über dem Tisch halten, dass es nur endlich viele kritische Punkte besitzt und damit einer regulären Insel entspricht. Falls das Polyeder des weiteren nur gewöhnliche Pässe hat, so kann man aufgrund der Analogie zwischen dem Kontext der Berglandschaften und dem Kontext der Polyeder mutmaßen, dass gilt:

$$\textit{Ecken} - \textit{Kanten} + \textit{Flächen} = \textit{Berge} - \textit{Pässe} + \textit{Täler}.$$

Tatsächlich lässt sich diese Beziehung auf elementare Weise beweisen. Wir führen den Leser in Form von Aufgaben durch den Beweis.[20]

Durch das eventuelle Hinzufügen von Kanten sorgen wir zunächst dafür, dass unser Polyeder nur aus Dreiecken besteht. Die Zahl *Ecken – Kanten + Flächen* ändert sich währenddessen nicht. Wir halten das Polyeder nun so über dem Tisch, dass alle Ecken des Polyeders auf unterschiedlicher Höhe liegen.

---

[20] Den Beweis hat der Autor zusammen mit Leon van den Broek erarbeitet.

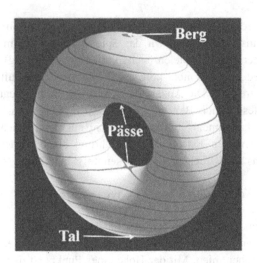

■ Erklären Sie, warum kritische Punkte (Berge, Pässe oder Täler) nur in den Ecken des Polyeders auftreten können.

Wir führen die folgenden Abkürzungen ein:

E = Anzahl der Ecken, B = Anzahl der Berge

K = Anzahl der Kanten, P = Anzahl der Pässe

F = Anzahl der Flächen, T = Anzahl der Täler.

Sei zudem R die Anzahl der regulären Ecken, d.h. der Ecken die weder Berg, noch Pass, noch Tal sind. Dann gilt:

$$E - R = B + T + P.$$

Angenommen auf dem Polyeder befindet sich eine Ameise. Sei d die Anzahl der Richtungen, die die Ameise einschlagen kann, ohne ihre Höhe zu verändern. Säße die Ameise beispielsweise auf einem der Pässe des zuvor abgebildeten Torus, so wäre d gleich vier.

■ Zeigen Sie, dass d eine gerade Zahl sein muss.

■ Wie groß ist d einem regulären Punkt (kein Berg, Pass oder Tal?

■ Wie groß ist d in einem Berg oder Tal?

■ Können Sie sich einen Punkt mit $d=4$, $d=6$, $d=8$, $d=10$, usw. vorstellen?

Wir nehmen an, dass unser Polyeder nur gewöhnliche Pässe besitzt. Punkte mit d
> 4 sind damit ausgeschlossen. Wir bestimmen für jede Ecke die Zahl d und
bilden deren Summe S.

- ▣ Zeigen Sie, dass gilt: $S = 0 \cdot T + 0 \cdot D + 4 \cdot P + 2 \cdot R$

- ▣ Zeigen Sie, dass gilt: $S = F$.

- ▣ Zeigen Sie, dass gilt: $3F = 2K$.

Also gilt:

$$B - P + T = (B + T + P) - 2P = (E - R) - 2P = E - (R + 2P)$$

$$= E - \tfrac{1}{2}S = E - \tfrac{1}{2}F = E - E\ 1\tfrac{1}{2}F + F$$

$$= E - K + F.$$

Somit gilt:

$$Berge - P\ddot{a}sse + T\ddot{a}ler = Ecken - Kanten + Fl\ddot{a}chen.$$

„ Maxwell = Euler "

Es bleibt festzuhalten, dass in diesen Beweis Begriffe und Kenntnisse aus beiden
Kontexten eingegangen sind. Zudem wäre die bewiesene Beziehung ohne das
Wissen um die Analogie der Kontexte wohl kaum erraten worden. Wir können
das Resultat somit als Ausdruck der Fruchtbarkeit unserer Brücke auffassen.

Literatur

Aigner, M. & Ziegler, G.M. (2003): *Proofs from the Book*. Springer.

Berendonk, S. (2010): *Wie kann Topologie in der Schule sinnvoll unterrichtet werden?* , in Beiträge zum Mathematikunterricht 2010. WTM.

Berendonk, S. (2011): *Über eine Unterrichtseinheit zum Eulerschen Polyedersatz*, in Beiträge zum Mathematikunterricht 2011. WTM.

Boltjanskij, V.G. & Efremovic, V.A. (1986): *Anschauliche kombinatorische Topologie*. Vieweg.

Brieskorn, E. (1974): *Über die Dialektik in der Mathematik*, in Otte: *Mathematiker über die Mathematik*. Springer-Verlag.

Cauchy, A.L. (1811): *Untersuchungen über die Vielflache*, in Haußner, R. (1904): *Abhandlungen über die regelmäßigen Sternkörper*. Verlag von Wilhelm Engelmann.

Cayley, A. (1859): On Contour and Slope Lines, in The London, Edinburgh, and Dublin Philosophical Magazine and Journal of Science, Vol. 18, No. 120. Taylor and Francis.

Cayley, A. (1859): *Über Poinsots vier neue regelmäßige Körper*, in Haußner, R. (1904): *Abhandlungen über die regelmäßigen Sternkörper*. Verlag von Wilhelm Engelmann.

Corfield, D. (2003): *Towards a Philosophy of Real Mathematics*. Cambridge University Press.

Euler, L. (1750): *Grundlagen der Lehre von den Körpern*. (dt. Übersetzung von Krömer, R., siehe http://www.eulerarchive.org/ bzw. http://www.uni-koeln.de/math-nat-fak/didaktiken/mathe/volkert/euler-230.pdf)

Euler, L. (1751): *Beweis einiger ausgezeichneter Eigenschaften, welchen von ebenen Seitenflächen eingeschlossene Körper unterworfen sind*. (dt. Übersetzung von Krömer, R., siehe http://www.eulerarchive.org/ bzw. http://www.uni-koeln.de/math-nat-fak/didaktiken/mathe/volkert/euler-231.pdf)

Fancese, C. & Richeson, D. (2007): *The Flaw in Euler's Proof of His Polyhedral Formula*, in The American Mathematical Monthly, Vol.114, No.4. MAA.

Freudenthal, H. (1974): *Mathematik als pädagogische Aufgabe, Band 1*. Ernst Klett Verlag.

Freudenthal, H. (1991): *Revisiting Mathematics Education, China Lectures*. Kluwer Academic Publishers.

Gauß, C.F. (1808): in Schmidt, F. und Stäckel, P. (1899): *Briefwechsel zwischen Carl Friedrich Gauß und Wolfgang Bolyai*. Teubner.

Goethe, J.W. von (1803): in Riemer, F.W. (1833): *Briefwechsel zwischenGoethe und Zelter in den Jahren 1796 bis 1832*. Verlag von Duncker und Humblot.

Griesel, H. (1997): *Zur didaktisch orientierten Sachanalyse des Begriffs Größe*, Journal für Mathematik-Didaktik, Jahrgang 18, Heft 4. Teubner.

Griffiths, H.B. (1978): *Oberflächen*. Ernst Klett.

Hoppe, R. (1879): *Ergänzung des Eulerschen Satzes von den Polyedern*, Archiv der Mathematik und Physik, Jahrgang 63.

Jahnke, T. (1998): *Zur Kritik und Bedeutung der Stoffdidaktik*, in Mathematica didactica, 21. Jahrgang, Band 2. Franzbecker.

Koetsier, T. (1991): *Lakatos' Philosophy of Mathematics*, A Historical Approach. North-Holland.

Kvasz, L. (2008): *Patterns of Change – Linguistic Innovation in the Development of Classical Mathematics*. Birkhäuser.

Kvasz, L. (2002): *Lakatos' Methodology Between Logic and Dialectic*, in Kampis, Kvasz & Stöltzner: *Appraising Lakatos – Mathematics, Methodology and the Man*. Kluwer Academic Publishers.

Lakatos, I. (1979): *Beweise und Widerlegungen – Die Logik mathematischer Entdeckungen*. Vieweg.

Lichtenberg, G.C. (1776-1779): in Requadt, P. (1953): *Aphorismen, Schriften, Briefe*. Alfred Körner Verlag.

Lietzmann, W. (1955): *Anschauliche Topologie*. Verlag von R. Oldenbourg.

Maxwell, J.C. (1870): *On hills and dales*, in The London, Edinburgh, and Dublin Philosophical Magazine and Journal of Science, Vol. 40, No. 269. Taylor and Francis.

Müller, G.N., Steinbring, H. & Wittmann, E.Ch. (2004): *Einleitung: Das Konzept von „Elementarmathematik als Prozess"*, in Müller, G.N., Steinbring, H. & Wittmann, E.Ch.: *Arithmetik als Prozess*. Kallmeyersche Verlagsbuchhandlung.

Poinsot, L. (1809): *Abhandlung über die Vielecke und Vielflache*, in Haußner, R. (1904): *Abhandlungen über die regelmäßigen Sternkörper*. Verlag von Wilhelm Engelmann.

Polya, G. (1962): *Mathematik und plausibles Schliessen – Band 1 – Induktion und Analogie in der Mathematik*. Birkhäuser.

Polya, G. (1963): *Mathematik und plausibles Schliessen – Band 2 – Typen und Strukturen plausibler Folgerung*. Birkhäuser.

Polya, G. (1949): *Schule des Denkens*. Francke Verlag.

Poincaré, H. (1895): *Analysis Situs*, in Stillwell, J. (2010): *Papers on Topology, Analysis Situs and Its Five Supplements*. American Mathematical Society, London Mathematical Society.

Poincaré, H. (1914): *Wissenschaft und Methode*. B.G. Teubner.

Proust, M. (2000): *Auf der Suche nach der verlorenen Zeit. Bände. 1-3, 1. Aufl.* Suhrkamp.

Rademacher, H. & Toeplitz, O. (1930): *Von Zahlen und Figuren, Proben mathematischen Denkens für Liebhaber der Mathematik.* Spinger-Verlag.

Reichel, H.C. (1995): *Hat die Stoffdidaktik Zukunft?*, Zentralblatt für Didaktik der Mathematik, Jahrgang 27, Heft 6. Fachinformationszentrum Karlsruhe.

Richeson, D.S. (2008): *Euler's Gem – The Polyhedron Formula and the Birth of Topology.* Princeton University Press.

Riemann, B. (1857): *Theorie der Abel'schen Functionen*, in Weber, H. (1953): *Bernhard Riemann's gesammelte mathematische Werke und wissenschaftlicher Nachlass.* Dover Publications.

Rinkes, H.D. & Schrage, G. (1974): *Topologie in der Sekundarstufe I*, in Der Mathematikunterricht, Jahrgang 20, Heft 1. Ernst Klett.

Russel, B. (1903): *Principles of Mathematics.* W.W. Norton & Company.

Sauer, G. (1984): *Der Eulersche Polyedersatz im Unterricht*, in Praxis der Mathematik, Jahrgang 26, Heft 10. Aulis Verlag.

Scholz, E. (1980): *Geschichte des Mannigfaltigkeitsbegriffs von Riemann bis Poincaré.* Birkhäuser

Schubring, G. (1978): *Das genetische Prinzip in der Mathematik-Didaktik.* Klett-Cotta.

Staudt von, G.K.C. (1847): *Geometrie der Lage.* Verlag von Bauer und Raspe.

Volkert, K. (2002): *Das Homöomorphismusproblem insbesondere der 3-Mannigfaltigkeiten, in der Topologie 1892-1935.* Editions Kimé.

Wittmann, E.Ch. (2001): *Rettet die Phänomene!*, in Selter, Ch. & Walther, G.: *Mathematik lernen und gesunder Menschenverstand, Festschrift für Gerhard Norbert Müller.* Ernst Klett.